Chantal Badre

La biomimétique, de la nature au quotidien

Chantal Badre

La biomimétique, de la nature au quotidien

L'effet Lotus reproduit sur des films de ZnO électrodéposés

Presses Académiques Francophones

Impressum / Mentions légales

Bibliografische Information der Deutschen Nationalbibliothek: Die Deutsche Nationalbibliothek verzeichnet diese Publikation in der Deutschen Nationalbibliografie; detaillierte bibliografische Daten sind im Internet über http://dnb.d-nb.de abrufbar.

Alle in diesem Buch genannten Marken und Produktnamen unterliegen warenzeichen-, marken- oder patentrechtlichem Schutz bzw. sind Warenzeichen oder eingetragene Warenzeichen der jeweiligen Inhaber. Die Wiedergabe von Marken, Produktnamen, Gebrauchsnamen, Handelsnamen, Warenbezeichnungen u.s.w. in diesem Werk berechtigt auch ohne besondere Kennzeichnung nicht zu der Annahme, dass solche Namen im Sinne der Warenzeichen- und Markenschutzgesetzgebung als frei zu betrachten wären und daher von jedermann benutzt werden dürften.

Information bibliographique publiée par la Deutsche Nationalbibliothek: La Deutsche Nationalbibliothek inscrit cette publication à la Deutsche Nationalbibliografie; des données bibliographiques détaillées sont disponibles sur internet à l'adresse http://dnb.d-nb.de.

Toutes marques et noms de produits mentionnés dans ce livre demeurent sous la protection des marques, des marques déposées et des brevets, et sont des marques ou des marques déposées de leurs détenteurs respectifs. L'utilisation des marques, noms de produits, noms communs, noms commerciaux, descriptions de produits, etc, même sans qu'ils soient mentionnés de façon particulière dans ce livre ne signifie en aucune façon que ces noms peuvent être utilisés sans restriction à l'égard de la législation pour la protection des marques et des marques déposées et pourraient donc être utilisés par quiconque.

Coverbild / Photo de couverture: www.ingimage.com

Verlag / Editeur:
Presses Académiques Francophones
ist ein Imprint der / est une marque déposée de
AV Akademikerverlag GmbH & Co. KG
Heinrich-Böcking-Str. 6-8, 66121 Saarbrücken, Deutschland / Allemagne
Email: info@presses-academiques.com

Herstellung: siehe letzte Seite /
Impression: voir la dernière page
ISBN: 978-3-8381-7151-7

Je dédie ce travail

A mes parents sans qui je ne serai pas où j'en suis aujourd'hui…

"Le vrai point d'honneur n'est pas d'être toujours dans le vrai. Il est d'oser, de proposer des idées neuves, et ensuite de les vérifier"

Pierre Gilles-De Gennes, Prix Nobel de physique en 1991, (1932-2007)

Sommaire

Introduction générale

Introduction

L'eau mouille ! Si, aujourd'hui, ce fait nous parait évident, il n'en fut pas toujours de même. C'est au milieu du XIXème siècle que le physicien, Hans Hitchauser, a fait cette déclaration, désormais célèbre : « L'eau mouille ». Cette faculté de l'eau à mouiller s'appelle la mouillabilité.

Au cours de ces dernières décennies, l'étude de la mouillabilité est devenue incontournable dans de nombreux secteurs industriels tels que celui de l'automobile, du béton, du verre, des gisements pétroliers, etc. D'un point de vue fondamental, la description de ces phénomènes de mouillabilité repose essentiellement sur la compréhension de la nature des interactions qui s'établissent entre le liquide et la surface mouillée. Les paramètres de surface jouent alors un rôle essentiel dans les propriétés de mouillabilité. Les facteurs qui augmentent la surface réelle de contact, comme la rugosité ou la structuration des surfaces, sont des paramètres déterminants pour les propriétés de mouillabilité des matériaux. Ainsi, dans certains cas, l'augmentation de la rugosité d'une surface peut favoriser sa mouillabilité. A l'opposé, le contrôle de la nature chimique de la surface peut permettre d'obtenir des surfaces hydrophobes ou superhydrophobes souvent recherchées dans les secteurs de haute technologie nécessitant des surfaces autonettoyantes, par exemple [1]. Cependant l'étape incontournable reste la préparation des matériaux de base.

Le nanomonde, c'est-à-dire le monde des nanosciences et des nanotechnologies, vise à élaborer de nouveaux matériaux nanostructurés et des composants toujours plus petits. Il peut être défini comme étant l'ensemble des études et des procédés de fabrication et de manipulation de structures et de systèmes matériels à l'échelle du nanomètre (nm). Ce monde dont les portes s'ouvrent à notre exploration nous promet des produits plus petits, plus légers, moins chers. Il nous propose des ordinateurs plus performants, des traitements médicaux plus efficaces, un environnement plus propre. La maîtrise des nanotechnologies constitue un enjeu majeur pour l'industrie de demain. Ainsi dès maintenant, l'homme est réduit à manipuler des objets d'échelles restreintes, il devient donc primordial d'en étudier les

5

caractéristiques nanoscopiques. L'organisation de certains matériaux à l'échelle nanométrique leur permet d'avoir diverses propriétés : optiques, mécaniques, chimiques ou autres. Ces matériaux nanostructurés peuvent être synthétisés par différents procédés de croissance, et dans ce domaine beaucoup de voies restent à explorer [2].

La construction d'architectures nanostructurées fait appel à la chimie supramoléculaire, celle-ci a pour objet la conception, la création et l'étude de structures complexes, constituées d'éléments simples. Les lois de la physico-chimie nous permettent aujourd'hui de fabriquer des nanostructures organisées, elles dictent la façon dont les nano-objets s'assembleront selon la forme désirée, et la manière dont la structure de ces systèmes dépendra de la nature de la liaison engendrée entre les éléments constitutifs.

Deux voies sont essentiellement utilisées pour fabriquer des nanocomposants :

➢ La voie descendante (en anglais : top-down) : on part d'un matériau, on le découpe, on le sculpte pour réduire le plus possible les dimensions de l'objet ou du composant que l'on veut fabriquer. Cette piste est exploitée notamment en microélectronique et conduit aujourd'hui à des dimensions submicrométriques, inférieures à 100 nm.

➢ La voie ascendante (en anglais : bottom-up) : on assemble la matière atome par atome pour construire des molécules que l'on intègre ensuite dans des systèmes plus grands. Cette méthode, semblable à celle rencontrée dans la nature, est à l'origine du monde du vivant tel que nous le connaissons.

C'est dans ce contexte que se situe le travail de ce livre dont les objectifs concernent le contrôle de la mouillabilité de couches nanostructurées préparées par assemblage de monocouches organiques fonctionnalisées. Une grande partie de cette thèse est inspirée des processus naturels. En effet, la nature présente une multitude de surfaces superhydrophobes résultant d'une alliance de texture et d'hydrophobie.

Ce livre est divisé en 6 parties :

6

Afin de rendre la présentation plus claire, un bref rappel des phénomènes de mouillage est présenté au début de la thèse pour définir les principaux termes et grandeurs utilisés au cours de ce manuscrit.

Dans **le premier chapitre**, nous nous sommes intéressés à la préparation des films de polymères acides à mouillabilité contrôlable. Pour cela, nous avons préparé des polymères de polychlorure de vinyle lisses et rugueux dans lesquels de l'acide laurique a été incorporé. La réaction acido-basique interfaciale a pu être suivie à partir de mesure d'angle de contact (grandeur caractéristique de la mouillabilité). Ainsi, différentes gouttes de solutions aqueuses de pH fixé ont été déposées à la surface de ce polymère. Bien que la géométrie du support n'était pas parfaitement connue, nous avons réussi à partir de ce système et sans avoir recours à une fonctionnalisation du polymère à obtenir des résultats reproductibles qui ont permis de décrire thermodynamiquement le comportement de l'acide à l'interface et de déterminer ainsi sa constante d'acidité. Ce travail a fait l'objet d'un article paru dans *Langmuir* joint à la fin de ce chapitre. L'inconvénient de ce type de matériau réside essentiellement dans le fait qu'il n'est pas aisé d'en modifier la morphologie et surtout de la contrôler. Nous avons donc envisagé l'étude d'autres matériaux tels que les films d'oxyde de zinc (ZnO).

Pour situer ce travail dans son contexte, nous avons choisi de présenter une étude bibliographique dans le **chapitre II** afin de connaître les principales études concernant les méthodes de synthèse du ZnO, les morphologies obtenues ainsi que la modification de la mouillabilité du ZnO par adsorption de molécules organiques. Il faut néanmoins avoir à l'esprit que ce domaine est en plein essor et que tous les jours de nouveaux travaux sont publiés.

Dans le **troisième chapitre**, nous décrivons la méthode de synthèse de ZnO de différentes morphologies par voie électrochimique. Les méthodes électrochimiques, ne nécessitant pas de milieu ultra-vide, sont peu coûteuses et permettent de préparer des matériaux à des températures proches de l'ambiante. Cette étude a fait l'objet d'une collaboration avec Thierry Pauporté et Daniel Lincot, de notre UMR. Ce projet tire profit de leur compétence dans ce domaine. Ainsi, j'ai été amenée à préparer des films d'oxyde de zinc (ZnO) de rugosités contrôlées. Cet oxyde est un semi-conducteur largement utilisé dans le domaine des cellules solaires et photovoltaïques [3]. Sa morphologie est facilement modifiable en lui ajoutant lors de sa synthèse différents additifs comme l'éosine Y ou un tensioactif, le dodécylsulfate de sodium (SDS). L'aspect des films peut varier d'une surface lisse et compacte à une surface très rugueuse constituée de nanotiges et/ou de nanocolonnes. Les mesures de mouillabilité ont été effectuées sur tous les films ; le caractère mouillant des films de ZnO semble être dominant sauf dans le cas des films de ZnO préparés en présence de SDS, les films présentent alors un caractère légèrement hydrophobe.

En général, ces matériaux à caractère mouillant ne sont pas très avantageux et on rêve de nos jours de pouvoir fabriquer des surfaces très peu mouillantes, comme par exemple rendre les pare-brises d'une voiture totalement hydrophobes afin que les gouttes de pluie n'y adhèrent pas et éviter ainsi l'usage des essuie-glaces. Ceci est réalisable en combinant la structuration de la surface à un traitement chimique approprié.

Dans **le chapitre IV**, nous décrivons comment la géométrie d'une surface amplifie sa mouillabilité comme sa non-mouillabilité. Notre démarche nous a conduit à mettre au point la méthode ascendante qui exploite à la fois les avancées de la physique, de la chimie et de la biologie pour fabriquer simultanément et en grand nombre des objets nanométriques. En effet, parmi les voies possibles, nous avons étudié des assemblages supramoléculaires qui se forment sur la surface de ZnO bien caractérisée.

Cette méthode prometteuse, inspirée de la physique des surfaces, nous permet de réaliser artificiellement des architectures étendues, de pas nanométriques, dont la structure est déterminée par la configuration des groupements terminaux et les interactions molécule-substrat. De tels systèmes nanostructurés peuvent être à la base de nouveaux matériaux fonctionnels (nanoélectroniques, composants optoélectroniques,...). Nous nous sommes orientés dans ce chapitre vers la modification chimique des différentes morphologies préparées dans le chapitre III et cela par des couches auto-assemblées de molécules organiques comme l'octadécylsilane (ODS). L'étude montre une amplification du phénomène de non-mouillage. Les angles de contact sont plus élevés et atteignent 135° avec les nanocolonnes modifiées et 173° avec les nanotiges traitées avec l'ODS. Ces revêtements sont très stables s'ils sont stockés dans un environnent propre à l'abri ou non de la lumière. Ces études ont fait l'objet de deux publications, la première parue dans *Superlattices and Microstructures* et la deuxième dans *Physica E*.

A l'issue de ce chapitre, deux questions se posent : (i) peut-on changer la mouillabilité de nos surfaces en modifiant simplement la nature de la molécule adsorbée ? (ii) Peut-on augmenter la valeur de l'angle de contact afin de tendre vers la non mouillabilité totale ?

Pour répondre à ces questions, je me suis inspirée de la nature et notamment des feuilles de Lotus. Cette démarche m'a conduite dans le **chapitre V** à travailler avec des molécules qui sont largement répandues dans le monde du vivant et qui entrent notamment dans la constitution des végétaux et des animaux. Une des conséquences les plus spectaculaires dans ce domaine est la possibilité d'engendrer des surfaces superhydrophobes sur lesquelles une goutte d'eau peut rouler sans jamais y adhérer. Il existe plusieurs voies pour obtenir de telles surfaces. La piste que nous avons exploitée sera détaillée dans le chapitre V. Ce chapitre est donc dédié à la modification des nanocolonnes de ZnO par trois acides gras. L'acide stéarique, un acide saturé, qui possède une chaîne hydrocarbonée de même longueur que l'ODS. Les acides élaïdique et oléïque sont deux isomères E et Z de l'acide stéarique, ils sont insaturés et présentent respectivement une double liaison en cis et en trans sur le carbone numéro 9 de la chaîne carbonée. Cette étude montre que le traitement d'une surface de ZnO avec l'acide stéarique amplifie le caractère non-mouillant du matériau. L'angle de contact atteint une valeur de 167° sur les nanocolonnes alors qu'il ne dépassait pas les 135° avec l'ODS. L'étude est étendue afin de montrer l'influence de la nature de l'acide et de la double liaison sur la mouillabilité. Elle a été mise en évidence par diverses techniques telle que l'infra rouge. Ces résultats sont présentés dans une publication parue dans *Journal of Colloid and Interface Science*.

Dans la deuxième partie du chapitre V, nous abordons plus particulièrement les structures à double rugosité comme les nanotiges ayant une morphologie hiérarchique ressemblant à celle de la feuille de lotus. Après une modification par l'acide stéarique, ces surfaces présentent des angles d'avancement et de retrait très proches aux environs de 176° et une hystérèse (différence entre l'angle d'avancée et de reculée) très faible, de l'ordre de 1°. Les gouttes d'eau fuient ces surfaces dès le « contact ». Ce revêtement stabilise le ZnO sur toute l'échelle de pH et le protège de tout environnement corrosif. Cette étude a fait l'objet d'une publication parue dans *Nanotechnology*.

Nous aborderons enfin, dans le **chapitre VI**, la modification des surfaces de ZnO par des molécules fonctionnalisées à propriétés rédox. Le comportement électrochimique simple et la stabilité remarquable du ferrocène dans les électrolytes organiques et aqueux ainsi que sa fonctionnalisation aisée sont à l'origine de son utilisation dans cette étude. Pour ce faire, j'ai dû synthétiser du N-(3-triméthoxysilyl)-propylferrocènecarboxamide dont les différentes étapes de la synthèse ont été vérifiées par RMN, FTIR et ESI. Le greffage et le comportement de la surface d'oxyde modifiée ont été mis en évidence par la signature électrochimique du couple réversible ferrocène/ferricinium à un potentiel légèrement différent de celui observé en solution. Le système greffé est stable après un grand nombre de cycles. De façon surprenante, le greffage de molécules redox sur le ZnO n'a pas été abordé de la littérature, alors qu'il existe des travaux sur d'autres surfaces comme l'oxyde de titane ou de silicium.

L'étude de l'électromouillage (évolution de l'angle de contact avec le potentiel électrique appliqué à la goutte de solution) a été réalisée et exploitée en fonction de la rugosité de la surface et du comportement du ferrocène. Pour cette étude, j'ai mis en œuvre un montage miniaturisé à trois électrodes en contact direct avec la goutte qui permet d'imposer le potentiel et d'éviter de modifier le contour ou la forme de la goutte posée. A notre connaissance, il n'existe pas actuellement de travaux concernant l'étude de réactions redox interfaciales. Les travaux actuellement publiés dans la littérature sur l'électromouillage visent à montrer l'étalement d'une goutte sous l'application d'une tension très élevée d'environ 5 kV. Ce travail a paru dans le journal *Advanced Materials*.

Les nouvelles applications visées par ces greffages concernent notamment l'électronique moléculaire, le photovoltaïque et la détection électrochimique d'ions organiques ou inorganiques (capteurs) [4].

Nous terminerons ce livre par 3 annexes :

L'annexe I contient la liste des produits qui ont été utilisés au cours de ce travail.

Dans **L'annexe II**, nous présentons les images AFM obtenues sur les polymères de PVC lisses et rugueuses.

Dans **l'annexe III**, nous présentons les spectres infra-rouge (FTIR) obtenus dans le cas de l'adsorption de l'octadécylsilane et des acides gras sur les films de ZnO.

Références

---

[1] J., Bico ; C., Marzolin ; D., Quéré *Europhyis. Lett.* **1999**, *47*, 220.

[2] Ü., Özgür ; Y.I., Alivov ; C., Liu ; A., Teke ; M.A., Reshchikov ; S., Doğan ; V., Avrutin ;S.J., Cho ; H., Morkoç *Journal of Applied Physics* **2005**, *98*, 041301.

[3] R., Tena-Zaera ; M.A., Ryan ; A., Katty ; G., Hodes ; S., Bastide ; C., Lévy-Clément *C. R. Chimie* **2006**, *9*, 717.

[4] J. M., Buriak *Chem. Review*, **2002**, *102*, 1271.

Rappel sur les phénomènes de mouillage

Rappel

Toutes les expériences décrites dans ce livre mettent en jeu le phénomène de mouillage. Les mesures de mouillabilité sont des mesures simples qui permettent de mettre en évidence rapidement le caractère hydrophobe/hydrophile d'une surface ou d'une couche adsorbée sur cette surface. Après un rappel très succinct des définitions liées aux phénomènes de mouillage et des modèles qui s'y appliquent, je décrirai le principe de l'appareil utilisé pour effectuer ces mesures ainsi que les différentes méthodes de calcul utilisées pour déterminer les angles de contact.

I-1. Définition du mouillage

La mouillabilité caractérise la facilité avec laquelle une goutte de liquide s'étale sur une surface solide. C'est un paramètre fondamental dans un grand nombre d'applications industrielles comme l'automobile, les textiles, les peintures et les adhésifs. La mouillabilité est caractérisée par l'angle de contact (θ) du liquide sur le solide qui dépend de trois tensions interfaciales solide-liquide, solide-vapeur et liquide-vapeur représentées respectivement par γ_{sl}, γ_{sv}, γ_{lv} sur la figure 1.

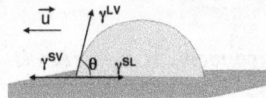

Figure 1 : Forces appliquées sur une goutte d'eau posée sur un support solide. u étant le vecteur unitaire

A l'équilibre, la somme des trois forces appliquées à la surface est nulle. Ce qui conduit à la relation de Young :

$$\gamma_{LV} \cos \theta_E = \gamma_{SV} - \gamma_{SL} \tag{1}$$

Cette relation n'est vraie que dans le cas où la goutte est en équilibre avec le support sur lequel elle est posée, celui-ci doit être lisse, homogène et plan. Elle présente un angle d'équilibre avec ce support noté θ_E. Cette équation peut aussi être déduite en calculant le travail engendré par un déplacement infinitésimal dx de la ligne triple comme schématisé sur la figure 2 :

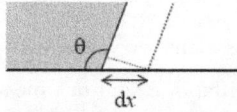

Figure 2 : Déplacement d'une ligne de contact sur une surface plane.

La variation de l'énergie qui accompagne ce déplacement s'exprime selon :

$$dE = (\gamma_{SL} - \gamma_{SV})dx + \gamma_{LV}\,dx\cos\theta \qquad\qquad (2)$$

A l'équilibre, cette variation d'énergie est nulle et la relation (2) conduit alors à la relation de Young (1).

I-2. Hystérèse

Il n'est pas simple d'obtenir avec certitude l'état d'équilibre du point de vue thermodynamique. Afin de pouvoir approcher cette grandeur d'équilibre, on effectue des mesures d'angle de contact en fonction du volume de la goutte à l'avancement (en augmentant la taille de la goutte de liquide) et au retrait (en diminuant le volume de la goutte par aspiration). On définit alors l'hystérèse comme étant la différence des angles d'avancement et de retrait.

I-2-1. Angles de contact d'avancement et de retrait

Les moindres impuretés de surface peuvent modifier les propriétés du mouillage. On constate ainsi que l'angle de contact n'est pas le même si la goutte avance sur une surface vierge ou au contraire recule. Ceci peut être attribué au fait que des traces du liquide puissent subsister sur la surface lors du retrait modifiant ainsi l'état de surface du substrat. On parle ainsi d'angles de contact d'avancement (ou d'avancée) noté θ_A et de retrait (ou reculée) notée θ_R. Pour chaque état de surface, on mesure ces deux séries d'angles de contact. Les valeurs déterminées sont supposées encadrer un angle d'équilibre que l'on mesurerait sur une surface parfaite à l'équilibre. La mesure des deux angles est schématisée sur la figure 3.

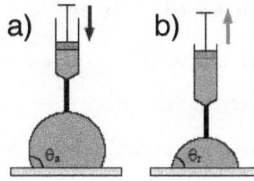

Figure 3: a) Mesures d'angles d'avancée et b) de reculée sur une surface.

I-3. Comment changer la qualité d'un mouillage ?

La mouillabilité d'un support solide peut être modifiée par traitement chimique de la surface en modifiant sa composition c'est-à-dire en fonctionnalisant l'interface par des molécules à propriétés chimiques différentes, et/ou en formant un film mince sur la surface. On peut également jouer sur sa texturation en modifiant sa rugosité comme montre la figure 4.

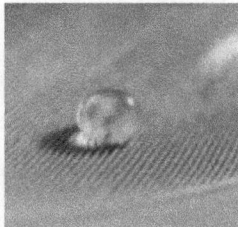

Figure 4 : Goutte d'eau sur une plume de canard [1].

L'expérience de Johnson et Dettre en 1964 [2] montre que pour une rugosité modérée, le phénomène d'hystérèse est amplifié, par contre, il est diminué pour une forte rugosité. Ceci démontre l'importance de la texturation de la surface. On trouve dans la littérature, deux modèles permettant de décrire l'influence de la morphologie des surfaces texturées sur le mouillage : le modèle de Wenzel pour les surfaces rugueuses et le modèle de Cassie-Baxter pour les surfaces composites.

I-4. Modèles de Wenzel et de Cassie-Baxter

Le modèle de Wenzel est le plus souvent appliqué dans le cas de surfaces texturées physiquement, et celui de Cassie-Baxter pour celles texturées chimiquement. On arrive parfois à combiner ces deux modèles et avoir des surfaces composites.

I-4-1. Modèle de Wenzel (1936)

Wenzel [3] a considéré le cas d'un liquide qui épouse parfaitement une surface de rugosité r. Il conclut que l'angle de contact θ^* mesuré diffère de celui de Young. La surface du solide est amplifiée par r lors d'une variation infinitésimale de la ligne triple (figure ci-dessous), l'équation 2 prend la forme suivante :

$$dE^* = r(\gamma_{SL} - \gamma_{SV})dx + \gamma_{LV}\, dx \cos\theta^* \tag{3}$$

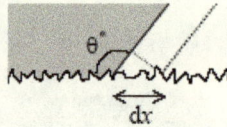

A l'équilibre, $dE^* = 0$. On aboutit alors à l'équation de Wenzel :

$$\cos\theta^* = r\cos\theta_E \tag{4}$$

Toute surface initialement hydrophobe devient plus hydrophobe lorsque sa rugosité est augmentée de même toute surface hydrophile devient plus hydrophile. Ceci illustre bien le fait que la rugosité exalte la qualité du mouillage. Dans le cas d'une surface superhydrophile, l'angle de contact atteint une valeur critique égale à $\dfrac{1}{\cos\theta_E}$.

I-4-2. Modèle de Cassie-Baxter (1944)

Cassie et Baxter [4] se sont aussi intéressés au phénomène de mouillage sur les surfaces poreuses telles les textiles naturels ou artificiels. Leurs travaux illustrent l'influence de la structure de ces surfaces sur leur mouillabilité qui se traduit par un caractère peu mouillant. Ils considèrent une surface constituée de deux composants

16

de nature chimique différente possédant chacun un angle de contact propre vis-à-vis d'un liquide donné.

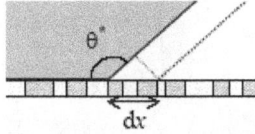

Si on considère un déplacement dx de la ligne de contact (figure ci-dessus). On note f_1 la fraction occupée par le premier composant et f_2 celle occupée par le deuxième ($f_1+f_2 = 1$). On peut alors écrire la variation d'énergie associée au déplacement dx :

$$dE^* = f_1(\gamma_{SL} - \gamma_{SV})_1 dx + f_2(\gamma_{SL} - \gamma_{SV})_2 dx + \gamma_{LV} dx \cos\theta^* \qquad (5)$$

A l'équilibre $dE^* = 0$. Ce qui conduit à la relation de Cassie-Baxter :

$$\cos\theta^* = f_1 \cos\theta_1 + f_2 \cos\theta_2 \qquad (6)$$

Lorsque la rugosité est importante, on suppose souvent que la goutte repose sur une surface composite de solide et d'air, ($\cos\theta_2 = -1$). L'équation 6 devient :

$$\cos\theta^* = f_1(\cos\theta_1 + 1) - 1 \qquad (7)$$

Ce qui implique que si f_1 est faible et θ_1 important, il est possible de créer des interfaces dont l'angle de contact sera très grand : dans ce cas, on parle d'un effet de grille dominant.

I-5. Appareillage et méthodes de mesures d'angles de contact

Tout au long de ce travail, j'ai caractérisé les surfaces avant et après traitement à l'aide d'un instrument optique récent type Krüss DSA 10 (version 1.90.014) dont la description est détaillée sur la figure 5.

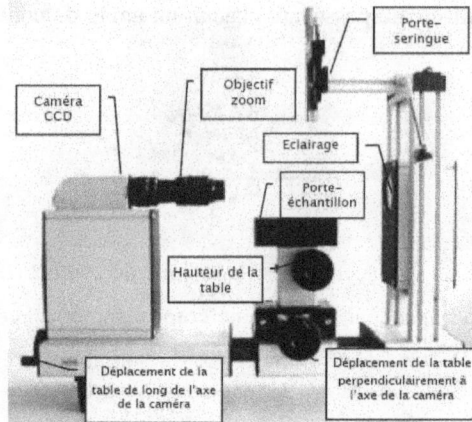

Figure 5 : Configuration de base du DSA 10-Face avant.

Plusieurs paramètres doivent être contrôlés avant de commencer les expériences comme : l'éclairage, le contraste, la netteté de l'image, l'agrandissement et le volume de la goutte. Les méthodes que j'ai utilisées pour mesurer l'angle de contact sont les suivantes :

(1) La méthode de goutte posée ou sessile drop fitting : le contour de la goutte peut être décrit mathématiquement en adaptant l'équation de Young-Laplace pour les contours courbes. L'angle de contact est donné à partir de la tangente au point triple solide - liquide - vapeur.

(2) La méthode de l'équation du cercle ou cercle fitting : cette méthode est particulièrement adaptée aux faibles valeurs d'angles de contact ($< 30°$). Le contour de la goutte est mathématiquement corrélé à la forme d'un segment de cercle. De ce fait, tout le contour de la goutte est évalué et pas uniquement la zone d'intersection avec la ligne de base.

(3) Cas de gouttes posées dynamiques où l'aiguille reste en contact avec le liquide : le profil de la goutte posée dans la région de la ligne de base, est corrélé à une fonction rationnelle ($y=a+bx+cx0,5+d/lnx+e/x^2$). A partir des paramètres de corrélation obtenus, le logiciel détermine la tangente au point triple puis l'angle de

18

contact. Ce modèle a été sélectionné parmi un grand nombre de simulations théoriques.

Les mesures d'angles sont effectuées à l'intérieur d'une chambre thermostatée à 25°C afin de réduire au maximum l'évaporation de la goutte et de maintenir un taux d'humidité constant. Une goutte d'eau de volume donné (entre 0,5 et 3 μL) est déposée à l'aide d'une micropipette. L'image de la goutte est capturée par une caméra vidéo. L'angle de contact à droite et à gauche est alors mesuré et tabulé. Une moyenne des deux mesures est calculée ainsi que l'écart-type correspondant. Ces valeurs sont calculées à l'aide d'une des méthodes précitées, et affichées sur l'ordinateur pilotant l'instrument. On vérifie les mesures en déposant au moins quatre gouttes de liquide à des endroits différents de la surface.

Références

[1] Dossier Olympiades de la physique **2006** « expériences autour de la goutte ».

[2] R.H., Dettre ; R.E., Johnson *Adv. Chem. Ser.* **1964**, *43*, 136.

[3] R.A., Wenzel *Ind. Eng. Chem.* **1936**, *28*, 988.

[4] A.B.D., Cassie ; S., Baxter *Trans. Faraday Soc.* **1944**, *40*, 546.

Chapitre I

Détermination d'une constante d'acidité d'un polymère acide par mesures de mouillabilité

I-1. Introduction

L'interface par définition est une frontière réelle ou virtuelle qui sépare deux éléments ou deux milieux. C'est une zone privilégiée permettant le contact de composés présents dans les milieux adjacents et où des réactions peuvent avoir lieu. A titre d'exemples, on peut citer les réactions biologiques telles que l'arrangement tridimensionnel des protéines ou le mécanisme de catalyse des enzymes.

Afin d'améliorer les propriétés des matériaux et notamment au niveau de leurs interfaces, une des premières pistes explorées fut la fonctionnalisation des surfaces [1]. C'est ainsi, que l'on a préparé des surfaces constituées de fonctions acides dont les propriétés acido-basiques à l'interface solide-liquide ont été étudiées, en déterminant une constante d'acidité de surface, pK_a^{σ}. Un des moyens permettant d'accéder à cette grandeur consiste à effectuer un titrage par mesure d'angle de contact connu sous le nom de Contact Angle Titration décrit en 1985 par l'équipe de Whitesides et al. [1].

Nous nous sommes intéressés à la notion d'acidité de surface et plus particulièrement aux relations liant la mouillabilité à la réactivité de surface. Nous avons ainsi titré des surfaces de polymère dans lesquelles un acide insoluble dans l'eau a été incorporé par mesure d'angle de contact. Mais avant d'exposer nos résultats, nous résumons les principaux travaux qui ont été menés à ce jour dans ce domaine.

I-2. Caractérisation de monocouches acido-basiques par mesure d'angle de contact : Détermination d'une constante d'acidité de surface pK_a^{σ}

G.M. Whitesides et al. [1] ont préparé des couches sensibles aux variations du pH en oxydant le polyéthylène avec un mélange d'acide chromique et d'acide sulfurique. Cette opération génère une couche formée d'une grande densité de groupements acides (fonction -COOH) et de fonctions cétones localisées sur le polymère. L'objectif de leur travail était de mieux comprendre l'effet du pH sur la mouillabilité de ces polymères, puis de montrer l'avantage et l'utilité des mesures

21

d'angle de contact pour caractériser ce type de surface. Lors d'un travail similaire [2], ils ont adsorbé des monocouches de thiols sur des surfaces d'or en faisant varier le rapport de concentration entre les thiols fonctionnalisés ($HS(CH_2)_{10}COOH$) et non-fonctionnalisés ($HS(CH_2)_{10}CH_3$). Les mesures d'angle de contact ont permis de suivre l'ionisation de l'acide en fonction de la composition de la monocouche. Leur conclusion fut que le pK_a des acides adsorbés en surface était plus faible que celle des mêmes composés en solution. Cette même technique a été également utilisée pour suivre l'évolution de l'ionisation d'autres groupements fonctionnels comme les amines [3], et les alcools [4,5].

Des surfaces de silicium ont été modifiées par adsorption d'un mélange d'alkylsilanes et de vinylsilanes par Whitesides et al. [6] pour étudier leur réactivité. Les groupements vinyles terminaux ont été oxydés par un mélange de $KMnO_4/NaIO_4$ afin de générer des fonctions acides. La réactivité de ces monocouches est étudiée par mouillabilité. Les résultats montrent une diminution de la valeur d'angle de contact en fonction de l'augmentation du pH de la goutte. La valeur de la constante d'acidité diminue en augmentant le nombre de carbone de la chaîne alkyle dans ce mélange mixte. Ceci peut être dû à la stabilité de la fonction acide dans un milieu qui devient de plus en plus hydrophobe.

Creager et al. [7] ont préparé des monocouches mixtes composées de l'acide 11-mercaptoundécanoïque et d'alcanethiols. La valeur du pK_a déterminée à partir des courbes de mesures d'angles de contact en fonction du pH augmente avec la longueur de la chaîne des alcanethiols, elle passe de 6,5 (pour un assemblage mixte avec un nonanethiol) à 11,5 (pour un assemblage mixte avec un dodécanethiol). Récemment, Liu et al. [8] ont préparé des monocouches formées à partir d'un mélange de quantité variable de n-alcènes et d'éthylundécylénate de sodium sur des surfaces de silicium. Leurs courbes de titration sont bien définies, elles montrent que la valeur du pK_a augmente avec l'hydrophobicité de la surface : soit en augmentant la longueur de chaîne des alcènes, soit leur concentration dans le mélange. Ce résultat est similaire aux travaux publiés par Creager et al. [7].

Kanicky et al. [9] ont étudié l'effet de la longueur de la chaîne alkyle sur le pK_a des différents acides. Ils concluent d'après les mesures de mouillabilité que le pK_a de ces composés augmente avec la longueur de la chaîne, ce qui peut être attribué, d'une part, aux fortes interactions (type van der Waals) entre les chaînes hydrophobes et d'autre part aux interactions électrostatiques entre les groupements carboxylates.

Bartlett et al. [10] ont préparé des films de ω-(3-pyrrolyl)-acide alcanoïque (acide butanoïque et pentanoïque) par polymérisation électrochimique. Les angles d'avancement sur ces polymères dépendent aussi du pH.

D'autres méthodes ont été employées pour suivre l'évolution d'une monocouche à caractère acido-basique avec le pH et déterminer ainsi un pK_a de surface. Cheng et al. [11] ont utilisé l'infra rouge pour étudier la réactivité d'un composé acide greffé sur une surface de verre. Ils suivent l'évolution des pics à 1550 et 1770 cm^{-1} (attribués respectivement à l'anion carboxylate et au groupement carboxylique) en fonction du pH. D'autres méthodes existent aussi comme la SERS ou surface-enhanced Raman scattering [12] utilisée par Yu et al. en 1999 et Carron et al. [13]. Une méthode électrochimique a été développée par Crooks et al. [14] pour déterminer les pK_a des acides en surface en mesurant les capacités interfaciales différentielles. La méthode de titration électrochimique développée par Zhao et al. [15] a permis de déterminer l'effet de la charge d'une monocouche d'acide sur la réponse électrochimique du $Fe(CN)_6^{3-}$. Ainsi, les auteurs ont constaté que lorsque les fonctions COOH sont déprotonées, ils n'observent aucune réponse électrochimique du $Fe(CN)_6^{3-}$. Ils concluent qu'une monocouche chargée inhibe le transfert d'électron sur l'électrode. On peut également citer d'autres techniques telles que la mesure du potentiel électrique de l'interface employée par Eisenthal et al. [16], la microscopie à force atomique, permettant d'étudier l'ionisation des monocouches protonées, mise au point par Lieber et al [17], ainsi que d'autres méthodes comme la XPS (spectroscopie de photoélectrons ou X-ray photoelectron spectroscopy) [3,18], le potentiel Zéta [19], l'ATR-FTIR [20].

Ces matériaux qui répondent au pH trouvent des applications directes dans les capteurs chimiques et les séparations par membranes.

Hester et al. [21] ont fabriqué une membrane de polypropylène, sur laquelle de l'acide acrylique est greffé, sensible au pH et sélective vis-à-vis de molécules cibles. Wamser et al. [22] ont utilisé la même méthode pour suivre l'ionisation d'un polymère contenant sur l'une de ses interfaces une fonction acide et sur l'autre une fonction amine. Ils concluent que la constante d'acidité effective du côté acide varie entre 5 et 9 avec la fraction d'acide ionisé alors que celle d'une surface d'amine varie entre 12 et 4 lorsque la fraction d'amine protonée augmente. Ces surfaces sont utilisées comme membranes pour le dessalement de l'eau. Une excellente purification de l'eau salée est désormais possible grâce aux répulsions de charges générées par les anions carboxylate de cette membrane.

Si le phénomène d'ionisation interfaciale est mis en évidence dans les différents travaux cités ci-dessus, son étude thermodynamique possède encore quelques zones d'ombre sur le plan théorique, car la plupart des relations usuelles exigent une connaissance parfaite de la géométrie du support. La plupart de ces travaux impliquent des surfaces parfaitement définies et connues. Nous nous sommes placés pour notre part sur un autre plan en partant de l'hypothèse que des matériaux usuels peuvent avoir des mouillabilités modulables, sans pour autant présenter des surfaces idéalement constituées.

I-3. Modification de la mouillabilité d'un polymère acide par mesures d'angles de contact

Ainsi, nous avons déposé sur des plaques de verre, préalablement silanisées, un film de polychlorure de vinyle PVC contenant une masse donnée d'acide laurique. L'aspect lisse de ce film a été caractérisé par microscopie à force atomique (AFM) (annexe II) qui montre une rugosité très faible du support égale à 1,05.

La modification de la mouillabilité de ces films vis-à-vis de gouttes de solution tamponnée a montré une évolution de l'angle de contact entre pH = 2 et pH = 12. La rugosité du matériau a pu être modulée par ajout de masses variables d'aérosil (billes de silice rendue hydrophobe). Pour les « matériaux rugueux », nous observons une évolution similaire de l'angle de contact avec une amplification de l'hydrophobicité du film en milieu acide. Cette rugosité a été également caractérisée par AFM (annexe II). Elle est égale à 2,22 dans le cas des polymères rugueux contenant 0,7 g/g d'aérosil. Ceci est en accord avec les résultats calculés pour les facteurs de rugosité qu'on a obtenu à partir du modèle thermodynamique établi.

La description thermodynamique du comportement de ces surfaces, nous a amené à nous interroger sur l'écriture des relations thermodynamiques appliquées à des surfaces dont les frontières géométriques ne sont pas clairement définies. Nous avons montré que la description des variations d'angles de contact peut être obtenue à partir d'un modèle thermodynamique très simple et que le fait de ne pas disposer d'une surface idéalement lisse n'est pas un problème insurmontable. Nous avons également montré que seuls les polymères contenant des fonctions ionisables dépendaient du pH. L'équilibre à l'interface peut être ainsi caractérisé par une constante thermodynamique.

Sur le plan des applications, la technique de préparation des surfaces «fonctionnalisées» que nous proposons permet de fabriquer simplement et de manière reproductible des matériaux dont la mouillabilité est contrôlable en fixant le pH des gouttes de solution à son contact. A partir de plusieurs types de couples acido-basiques, on peut ainsi préparer des supports dont les mouillabilités varient du non mouillant au très mouillant dans un domaine étroit de pH (environ 2 unités), autour d'une valeur que l'on peut fixer en choisissant le couple.

L'ajout d'aérosil montre qu'il est possible d'augmenter par « effet de grille » l'hydrophobicité du support polymérique sans modifier fortement la valeur de la constante d'acidité de surface de l'acide.

Ce travail a fait l'objet d'un article paru dans *Langmuir* et joint à la fin de ce chapitre.

I-4. Conclusion

Cette étude a montré que les propriétés interfaciales d'un matériau dépendent non seulement de sa nature chimique mais également de la morphologie de sa surface. Malheureusement, il n'est pas facile de maîtriser la géométrie des surfaces de polymère. Nous avons donc cherché des matériaux dont on pouvait modifier la morphologie de façon contrôlée. Il en est ainsi des oxydes semi-conducteurs tel que l'oxyde de zinc (ZnO) préparé par dépôt électrochimique. Dans le chapitre suivant, nous allons présenter une étude bibliographique sur les différentes propriétés de ZnO, ses méthodes de synthèse ainsi que l'étude de mouillabilité de ce matériau.

Références

---

[1] S.R., Holmes-Farley ; R.H., Reamey ; T.J., McCarthy ; J., Deutch ; G.M., Whitesides *Langmuir* **1985**, *1*, 725.

[2] C.D., Bain ; G.M., Whitesides *Langmuir* **1989**, *5*, 1370.

[3] A.B., Sieval ; R., Linke ; G., Heij ; G., Meijer ; H., Zuilhof ; E.J.R., Sudhölter *Langmuir* **2001**, *17*, 7554.

[4] S.R., Holmes-Farley ; C.D., Bain ; G.M., Whitesides *Langmuir* **1988**, *4*, 921.

[5] T.R., Lee ; R. I., Carey ; H.A., Biebuyck ; G.M., Whitesides *Langmuir* **1994**, *10*, 741.

[6] S.R., Wasserman ; Y.Y., Tao ; G.M., Whitesides *Langmuir* **1989**, *5*, 1074.

[7] S.E., Creager ; J., Clarke *Langmuir* **1994**, *10*, 3675.

[8] Y.J., Liu ; N.M., Navasero ; H.Z., Yu *Langmuir* **2004**, *20*, 4039.

[9] J. R., Kanicky ; A.F., Poniatowski ; N.R., Mehta ; D.O., Shah *Langmuir* **2000**, *16*, 172.

[10] P.N., Bartlett ; M.C., Grossel ; E., Millán Barrios *Journal of Electroanalytical Chemistry*, **2000**, *487*, 142.

[11] S.S., Cheng ; D.A., Scherson ; C.N., Sukenik *Langmuir*, **1995**, *11*, 1190.

[12] H.Z., Yu ; N., Xia ; Z.F., Liu *Anal. Chem.* **1999**, 71, 1354.

[13] K.I., Mullen ; D.X., Wang ; L.G., Crane ; K.T., Carron *Anal. Chem.* **1992**, *64*, 930.

[14] M.A., Bryant ; R.M., Crooks *Langmuir* **1993**, *9*, 385.

[15] J., Zhao ; L., Luo ; X., Yang ; E., Wang ; S., Dong *Electroanalysis* **1999**, *11*, 108.

[16] X.L., Zhao ; S.W., Ong ; H.F., Wang ; K.B., Eisenthal *Chem. Phys. Lett.* **1993**, *214*, 203.

[17] D.V., Vezenov ; A., Noy ; L.F., Rozsnyai ; C.M., Lieber *J. Am. Chem. Soc* **1997**, *119*, 2006.

[18] H., Wang ; S., Chen ; L., Li, S., Jiang *Langmuir* **2005**, *21*, 2633.

[19] J.J., Shyue ; M.R., De Guire ; T., Nakanishi ; Y., Masuda ; K., Koumoto ; C.N., Sukenik *Langmuir* **2004**, *20*, 8693.

[20] Y.J., Liu ; N.M., Navasero ; H.Z., Yu *Langmuir* **2004**, *20*, 4039.

[21] J.F., Hester ; S.C., Olugebefola ; A.M., Mayes *J. Membr. Sci.* **2002**, *208*, 375.

[22] C.C., Wamser ; M.I., Gilbert *Langmuir* **1992**, *8*, 1608.

　　　　　　　　　　　Langmuir **2006**, *22*, 8424—8430

Modification of the Wettability of a Polymeric Substrate by pH Effect. Determination of the Surface Acid Dissociation Constant by Contact Angle Measurements

Chantal Badre, Alain Mayaffre, Pierre Letellier, and Mireille Turmine*

Université Pierre et Marie Curie-PARIS6, UMR7575, Paris, F-75005 France, Ecole Nationale Supérieure de Chimie Paris-ENSCP, UMR7575, Paris, F-75005 France, CNRS, UMR7575, Paris, F-75005 France, and Energétique et Réactivité aux Interfaces, UPMC, case 39, 4 place Jussieu, 75252 Paris Cedex 05, France

Received May 10, 2006. In Final Form: July 19, 2006

The wetting properties of a substrate can be changed by chemical reaction. Here, we studied simple materials with acid—base properties, by preparing poly(vinyl chloride) films containing lauric acid. These substrates constitute simple polymeric surfaces the wettability of which can be easily controlled by the acid—base equilibrium. The roughness of the material was then varied by adding Aerosil (hydrophobic fumed silica). We then studied the wettability of these materials toward aqueous buffer solutions between pH 2 and 12 from contact angle measurements. The variation of the contact angle of a droplet of buffer solution with the pH of the solution was described by a simple thermodynamic model requiring only two parameters. Thus, we could characterize the acid polymer by an effective surface acid dissociation constant the value of which was consistent with those obtained with a similar surface. We showed that the behavior of any substrate could be described even if the surface geometry was not well-known.

Introduction

Controlling the wettability of a substrate is essential in many industrial fields, such as paint, inks, or material protection agents. Many applications require either totally wetting surfaces or totally nonwetting surfaces, such as those obtained through fractal dimensional surfaces. Certain studies[1—3] have sought to control wettability by applying an electrical potential to a droplet of solution placed on a solid surface. However, functionalizing the surface with chemical groups is an efficient method for controlling wettability, as the chemical groups can react with other reagents present in the aqueous solution in contact with the surface. Depending on the nature of the fixed groups[4] or the adsorbed molecules[5] or on the reagents, wetting or nonwetting surfaces can be created.[6]

Although the phenomenon of wettability is well-known, studying its thermodynamics presents certain theoretical problems because most of the usual relationships require a perfect knowledge of the geometry of the support. Thus, most studies define the surfaces as either a plane with a controlled roughness[7] or even as fractal.

We have considered this problem from a different point of view by assuming that usual materials can have changeable wettabilities without having ideally constituted surfaces. Initially, we sought to obtain simple materials having controllable wettabilities. Thus, we deposited on a previously silanized glass slide a PVC film containing a given concentration of lauric acid. We then modulated the roughness of the material by adding variable amounts of Aerosil. We studied the wettability of these materials toward aqueous buffer solutions between pH 2 and 12 using contact angle measurements.

We then considered using classic thermodynamics relationships to describe the behavior of these polymer surfaces of which the geometrical borders are not clearly defined. This expands on a previous study[8] on the possibility of using thermodynamic approaches to describe the behavior of complex media of which the geometrical borders are unknown (bicontinuous, porous, dispersed media).

I. Experimental Section

I-1. Materials and Methods. Polymer films were made from very high molecular weight (1 500 000 g mol^{-1}) poly(vinyl chloride) (PVC) (Janssen Chimica). Lauric acid (C$_{12}$H$_{24}$O$_2$, 99%) and NH$_4$F (40% in water) were from Fluka, and toluene (99.5%), methanol (99.8%), and tetrahydrofuran (THF, 99.9%) were from Acros Organics. Dimethyldichlorosilane (DMDCS, 5% in toluene) was from Supelco. Silanized Aerosil R812, a gift from Degussa, was used as received.

The buffer solutions were prepared from a solution of a mixture of acids (HCl, CH$_3$COOH, NaH$_2$PO$_4$, NH$_4$Cl) at equal concentrations (10^{-2} mol L^{-1}) in water with KCl (0.1 mol L^{-1}) to fix the ionic strength of the medium. The pH of these buffer solutions was adjusted by adding aqueous sodium hydroxide solution (NaOH, 1 mol L^{-1}). The pH was measured with a millivoltmeter (Radiometer Analytical, PHM 250) using a pH glass-electrode (XG100, Radiometer-Analytical) combined with a KCl-saturated calomel reference electrode.

I-2. Contact Angles Measurement. Contact angles were measured with a DSA10 (Krüss instrument) using a CCD video camera and a horizontal light source to illuminate the liquid droplet. The droplets of solution were placed on the surface under an optical vessel to

* Corresponding author. Tel: 33 (0)1 44 27 36 76. Fax: 33 (0)1 44 27 30 35. E-mail: turmine@ccr.jussieu.fr.
(1) Bateni, A.; Susnar, S. S.; Amirfazli, A.; Neumann, A. W. *Langmuir* **2004**, *20*, 7589.
(2) Bateni, A.; Laughton, S.; Tavana, H.; Susnar, S. S.; Amirfazli, A.; Neumann, A. W. *J. Colloid Interface Sci.* **2005**, *283*, 215.
(3) Lin, J. L.; Lee, G. B.; Chang, Y. H.; Lien, K. Y. *Langmuir* **2006**, *22*, 484.
(4) Holmes-Farley, S. R.; Bain, C. D.; Whitesides, G. M. *Langmuir* **1988**, *4*, 921.
(5) Bain, C. D.; Whitesides, G. M. *Langmuir* **1989**, *5*, 1370.
(6) Jiang, Y.; Wang, Z.; Yu, X.; Shi, F.; Xu, H.; Zhang, X. *Langmuir* **2005**, *21*, 1986.
(7) Jopp, J.; Grüll, H.; Yerushalmi-Rozen, R. *Langmuir* **2004**, *20*, 10015.

(8) Turmine, M.; Mayaffre, A.; Letellier, P. *J. Phys. Chem. B* **2004**, *108*, 18980.

10.1021/la061324p CCC: $33.50　　© 2006 American Chemical Society
Published on Web 08/23/2006

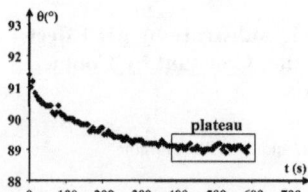

Figure 1. Variation of contact angle vs time of a droplet of buffer solution at pH 10.74 on a smooth PVC layer.

Table 1. Variation of Surface Tensions of Different Buffer Solutions with pH

pH	3.015	4.518	5.785	7.765	9.069	10.389
γ (mN m^{-1})	72.18	72.36	72.58	72.355	72.19	71.36

minimize evaporation. The entire system was located in a thermostated chamber at 25.0 ± 0.5 °C. The moisture in the environment around the sample was kept constant by filling the wells in the sample chamber with distilled water. Four different surfaces were prepared in the same way at the same time and were used to acquire contact angle data. We verified the reproducibility of the measurement by placing small droplets of solution (1.5 μL) at a given pH on four different samples. We also checked the uniformity of the surface by placing droplets of solution at the same pH at different points on the surface. We measured the contact angles over at least several minutes and took the value corresponding to the most stable value of the angle. Each point represents an average of at least four measurements. For contact angles greater than 60°, most of the measurements were within $\pm 1°$ of the reported value. For contact angle of less than 60°, the errors were $\pm 3°$ (contact angles less 10° did not give accurate measurements). Figure 1 shows the variation of the contact angle over time of sessile droplet of buffer solution at pH 10.74 on a pure PVC surface. Equilibrium was not obtained until after 5–7 min. We recorded the average of the angle on the right and left sides for the four drops.

Some studies[9] have claimed that the size of the droplet influences the measure contact angle. Thus, on all the studied substrates, we checked that the contact angle did not vary significantly as the volume of the drop varied between 0.5 and 4 μL.

I-3. Interfacial Tensions. The same equipment for measuring the contact angle also allows the liquid–vapor surface tension, γ^{LV}, of the buffer solution to be measured using the pendant drop method (Table 1). The drop is formed inside a small optical vessel covered by a layer of Parafilm to avoid evaporation as much as possible. The measurements were recorded for 15 min and gave a value of 72.2 ± 0.4 mN m^{-1}, which was in good agreement with the literature value of 72.8 mN m^{-1} at 25 °C.

I-4. Preparation of PVC Films. All polymer films were prepared on silanized glass. The glass samples were commercial microscope slides (22 × 32 mm², Menzel France). The glass was silanized to make it hydrophobic to aid adhesion of the PVC layer. All the glass surfaces were immersed in 40% aqueous NH$_4$F solution for 3 min and then washed with water before being silanized by immersion in a DMDCS solution for 5 min. The slides were then immersed in a toluene solution to eliminate excess DMDCS, washed with methanol, and left to dry under cover at ambient conditions.

I-5. Smooth Polymers. Silanized glass slides were covered with 400 μL of a solution containing 0.1 g of PVC and differing amounts of lauric acid in 20 mL of THF and were left to dry for 2 h. The obtained films were perfectly fixed on the glass surface and are referred to as smooth polymers in this paper.

I-6. Rough Polymers. We obtained rough surfaces by adding varying amounts of Aerosil (small spheres of silanized silica) to the previous preparation. The Aerosil creates and amplifies any irregularities on the smooth polymers. The concentrations of lauric

(9) Drelich, J.; Miller, J. D.; Hupka, J. *J. Colloid Interface Sci.* **1993**, *155*, 379.

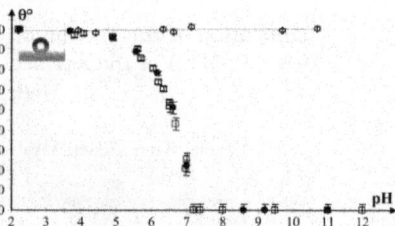

Figure 2. Variation of contact angle of buffer aqueous solutions vs pH for pure, smooth PVC films (open diamonds) and for smooth PVC films containing lauric acid at 0.20 g/g PVC (open squares) and at 0.27 g/g PVC (black circles).

acid and Aerosil are expressed as a ratio of grams/grams of PVC. The regular spreading of the mixture was obtained in a way similar to the previous one.

II. Results

The preparation of the substrates gave, in almost all the cases, uniform surfaces the reproducibility of which was checked by the contact angle measurements. Reproducibility only became a problem for rough surfaces with an Aerosil concentration of 1 g/g PVC. However, we will present these results to demonstrate the limit of the technique used and also to show that the results from reproducible surfaces are consistent with the behavior observed with the other supports.

II-1. Smooth, Pure PVC. We first characterized the behavior of smooth, pure PVC toward droplets of solution at different pH. The contact angles were distributed randomly around a constant average value ($89.6 \pm 1°$) indicating that the wettability of PVC is not affected by the acidity of the aqueous solution in the studied pH range between 2 and 12. The obtained value is close to those published elsewhere.[10]

II-2. Smooth, Acidified PVC. We studied how the wettability of smooth PVC films varied for lauric acid concentrations of 0.2 and 0.27 g/g PVC. At concentrations of less than 0.17 g/g PVC, we could not obtain reproducible contact angles for a droplet of solution at neutral and high pH. It may be that the concentration of lauric acid in the polymer was not high enough and is not uniformly distributed at the surface. Thus, both wetting behavior and nonwetting behavior may occur at the surface depending on the position of the droplet. For concentrations higher than 0.30 g/g PVC, the lauric acid crystallized on the polymer surface. The variation of contact angle (θ) with pH is shown in Figure 2. Considering the precision in measurements, the superimposition of the two curves shows that once the concentration of lauric acid is sufficient to give a uniform surface the relationship between contact angle and droplet pH becomes independent of lauric acid concentration. For the most acidic droplets, the contact angle is very close to that of pure PVC ($\theta = 88.4 \pm 1°$). Thus, the presence of lauric acid molecules on the surface does not markedly change the wettability of the substrate. However, for basic droplets, we observed a strong variation in the wettability of the surface. This transition occurs at a pH of between 2 and 3 and has been observed on other substrates.[4,5,11–17]

(10) Della Volpe, C.; Siboni, S. *J. Colloid Interface Sci.* **1997**, *195*, 121.

(11) Wamser, C. C.; Gilbert, M. I. *Langmuir* **1992**, *8*, 1608.

(12) Creager, S. E.; Clarke, J. *Langmuir* **1994**, *10*, 3675.

(13) Holmes-Farley, S. R.; Reamey, R. H.; McCarthy, T. J.; Deutch, J.; Whitesides, G. M. *Langmuir* **1985**, *1*, 725.

(14) Lee, T. R.; Carrey, R. I.; Biebuyck, H. A.; Whitesides, G. M. *Langmuir* **1994**, *10*, 741.

(15) Cheng, S. S.; Scherson, D. A.; Sukenik, C. N. *Langmuir* **1995**, *11*, 1190.

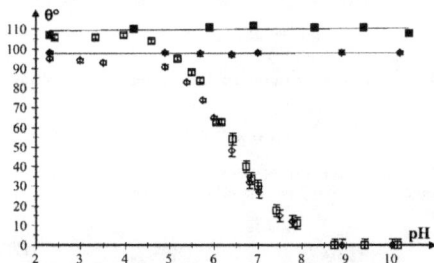

Figure 3. Variation of contact angle of buffer aqueous solutions vs pH for pure, rough PVC films containing 0.50 g Aerosil/g PVC (black diamond) or 0.64 g Aerosil/g PVC (black square) and for rough PVC films containing lauric acid at 0.27 g/g PVC and 0.50 g Aerosil/g PVC (open diamond) or 0.64 g Aerosil/g PVC (open square).

II-3. Rough PVC. As observed for the smooth PVC surface, the contact angle θ was independent of the pH of the droplet (see Figure 3), although the presence of Aerosil increased the nonwettability of the PVC film. The contact angle was $110 \pm 1°$ for an Aerosil concentration of 0.64 g/g PVC and was $97.8 \pm 1°$ for an Aerosil concentration of 0.50 g/g PVC. The origin of this wettability change must be discussed like the relevance of its attribution to the only roughness effect. In fact, this is a two-component system (PVC−Aerosil) whose chemical properties can be different than that of pure PVC. To answer this, Aerosil was first deposited on the silanized glass slides and covered with the PVC. In this configuration, one can suppose that the small glass spheres were perfectly covered with the polymer. The contact angle measured under this condition was similar to the previous one. Then, we will consider that the contact angle variations were mostly due to the roughness of the substrate.

II-4. Rough, Acidified PVC. We measured the contact angle of buffered aqueous solution droplets at different pH on rough PVC containing two concentrations of Aerosil and the same concentration of lauric acid (0.27 g/g PVC) (Figure 3). The curves were similar to those obtained with the smooth polymer. The incorporation of lauric acid slightly modifies the wettability of the rough PVC droplets. The contact angle decreased by 3° for the two lauric acid-containing PVC layers versus rough PVC without lauric acid. At basic pH, the surface is totally wetted.

III. Interpretation

The variation in the wettability of the support with the acidity of the sessile droplet can be linked to the ionization state of the carboxylic acid groups (AH) on the surface, σ, of the PVC. We presume that for acidic droplets the AH_σ groups are hydrophobic and confer a nonwetting character to the substrate, whereas for basic droplets the A_σ^- carboxylate groups are hydrophilic. Thus, for basic droplets, the surface density of carboxylate groups is sufficient for totally wetting surface. However, this is not the only phenomenon we need to consider, as the ionization state of carboxylic acid groups at the polymer surface and the surface geometry determine the value of the contact angle. Thus, we will first consider the behavior of a model, ideally smooth, composite surface made of polymer and acid.

III-1. Behavior of a Model, Ideally Smooth, Composite Surface. The species AH and A^- are confined within the polymer

(16) Liu, Y. J.; Navasero, N. M.; Yu, H. Z. *Langmuir* **2004**, *20*, 4039.
(17) Barlett, P. N.; Grossel, M. C.; Barrios, E. M. *J. Electroanal. Chem.* **2000**, *487*, 142.

matrix, with some of these groups being located at the surface. Let us consider an ideally smooth PVC surface occupied by a total number, n_T^σ, of AH groups that are likely to be ionized into A^- groups according to the following interfacial equilibrium reaction:

$$AH_\sigma = A_\sigma^- + H_{aq}^+$$

This equilibrium is characterized by a surface acid dissociation constant, K_a^σ. The PVC is solid and is below its glass transition temperature ($T_g = 70 °C$), and thus, the lauric acid introduced into the film can be considered as being immobilized in both the polymer matrix and at the polymer surface. By convention, the presence of acidic or basic groups on the surface is characterized by the "surface excess", defined by

$$\frac{n_T^\sigma}{A} = \Gamma_T = \frac{n_{AH}^\sigma + n_{A^-}^\sigma}{A} = \Gamma_{AH} + \Gamma_{A^-} \quad (1)$$

where n_i^σ is the number of moles of the species i at the polymer surface and A is the area of the polymer surface. The ionization state of the acid group at surface is characterized by its ionization rate:

$$\tau = \frac{\Gamma_{A^-}}{\Gamma_{AH}} \quad (2)$$

For a smooth acidic surface, $\Gamma_T = \Gamma_{AH}$, and the contact angle $\theta = \theta_{a,S}$. Therefore, for a smooth basic surface, $\Gamma_T = \Gamma_{A^-}$ and $\theta = \theta_{b,S}$.

Young's relationship allows the different states of the surface to be formalized. As ionization of the substrate only occurs on the surface, A^{SL}, the solid−vapor interfacial tension can be considered as being independent of the ionization state of A^{SL}. Thus, this interfacial tension will be γ^{SV} for all droplet acidities. As shown in Table 1, all the aqueous solutions have the same surface tension, γ^{LV}. Then,

$$\gamma^{LV} \cos \theta_{a,S} = \gamma^{SV} - \gamma_a^{SL} \quad (3)$$

$$\gamma^{LV} \cos \theta_{b,S} = \gamma^{SV} - \gamma_b^{SL} \quad (3')$$

γ_a^{SL} and γ_b^{SL} are the solid−liquid interfacial tensions for the acidic and basic substrates, respectively. If we now consider an intermediate ionization state for which the contact angle is $\theta_{\tau,S}$, Young's relationship is now written as

$$\gamma^{LV} \cos \theta_{\tau,S} = \gamma^{SV} - \gamma_\tau^{SL} \quad (4)$$

Thus, variations in the contact angle are linked to changes in the surface tension, γ_τ^{SL}. If we suppose that γ_τ^{SL} varies according to a simple composition rule with a surface fraction, x, being occupied by A_σ^-, then

$$\gamma_\tau^{SL} = (1 - x)\gamma_a^{SL} + x\gamma_b^{SL} \quad (5)$$

Consistency between eqs 3−5 leads to the Cassie−Baxter relationship[18] that is classically used to describe the behavior of composite surfaces:

$$\cos \theta_{\tau,S} = (1 - x)\cos \theta_{a,S} + x \cos \theta_{b,S} \quad (6)$$

The fraction, x, can be related to ionization rate, τ, as

(18) Cassie, A. B. D.; Baxter, S. *Trans. Faraday Soc.* **1944**, *40*, 546.

$$x = \frac{\Gamma_{A^-}}{\Gamma_T} = \frac{\tau}{1 - \tau} \quad (7)$$

Relations 6 and 7 allow the ionization rate to be expressed according to the contact angles

$$\tau = \frac{\cos \theta_{a,S} - \cos \theta_{r,S}}{\cos \theta_{r,S} - \cos \theta_{b,S}} \quad (8)$$

The relationship between the surface ionization rate of lauric acid and the drop in pH is obtained from the ionization equilibrium condition involving the electrochemical potentials of the various species involved in the reaction

$$\tilde{\mu}_{H^+}{}^{aq} + \tilde{\mu}_{A^-}{}^{\sigma} - \mu_{AH}{}^{\sigma} = 0 \quad (9)$$

Previously, we have shown[19] that at a constant temperature and pressure, the contribution of the charged species, i, of charge z_i, participating in the surface equilibrium may be written as

$$\tilde{\mu}_i = \mu_i{}^{\sigma} + \gamma^{SL} A_i{}' + z_i F \phi^{\sigma} \quad (10)$$

where $\mu_i{}^{\sigma}$ is the chemical potential of i at the surface, ϕ^{σ} is the electric potential of the substrate, F the Faraday constant and $A_i{}'$ is the partial surface area of i at the surface. This last term becomes significant for systems having interfaces with large areas or with strong curvatures, such as in dispersed media. On smooth supports, this contribution is negligible and thus will not be taken into account. The equilibrium condition is then written as

$$\mu_{H^+}{}^{aq} + \mu_{A^-}{}^{\sigma} - \mu_{AH}{}^{\sigma} + F(\phi^{aq} - \phi^{\sigma}) = 0 \quad (11)$$

where ϕ^{aq} is the electric potential of the aqueous solution. The surface chemical potential can be written using an approach proposed by Defay[20] that takes into account the presence of the species at the surface by the surface excess variable. Thus, for species i, we can write

$$\mu_i{}^{\sigma} = \mu_i{}^{\sigma,\infty} + RT \ln \Gamma_i \quad (12)$$

where $\mu_i{}^{\sigma,\infty}$ is the standard chemical potential at a "null surface excess" for the species i and is thus a hypothetical state. The equilibrium condition is then expressed as

$$\mu_{H^+}{}^{aq,\infty} + \mu_{A^-}{}^{\sigma,\infty} - \mu_{AH}{}^{\sigma,\infty} + \\ RT \ln (\tau a_{H^+}) + F(\phi^{aq} - \phi^{\sigma}) = 0 \quad (13)$$

where a_{H^+} is the proton activity within the drop at an infinite molar dilution.

If the standard chemical potentials are constant

$$\Delta_r G^{\infty} = \mu_{H^+}{}^{aq,\infty} + \mu_{A^-}{}^{\sigma,\infty} - \mu_{AH}{}^{\sigma,\infty} = \\ -2.3RT \log(K_a{}^{\sigma}) = 2.3RT \, pK_a{}^{\sigma} \quad (14)$$

When the aqueous solutions are strongly ionic but independent of pH, the potential difference between the substrate and the solution is assumed to be weak and constant. Thus, the electrical term can be neglected or integrated into a constant term, K^{eff}, such that

(19) Lair, V.; Turmine, M.; Peyre, V.; Letellier, P. *Langmuir* **2003**, *19*, 10157.
(20) Sanfeld, A. *Entropie* **1990**, *153*, 73.

$$pK^{eff} = pK_a{}^{\sigma} + \frac{F(\phi^{aq} - \phi^{\sigma})}{2.3RT} \quad (15)$$

The ionization rate, τ, can then be linked to the pH of the solution by

$$pH = pK^{eff} + \log \tau \quad (16)$$

Combining eqs 8 and 16, we obtain a relationship between the variation of $\cos \theta_{r,S}$ and the pH of the solution:

$$\cos \theta_{r,S} = \frac{10^{-pH} \cos \theta_{a,S} + 10^{-pK^{eff}} \cos \theta_{b,S}}{10^{-pH} + 10^{-pK^{eff}}} \quad (17)$$

III-2. Behavior of Real, Nonideally Smooth Surfaces. The previous discussion implies an "ideally smooth" behavior of the polymeric surface. We have adopted an approach similar to that proposed by Wenzel[21] to explain the deviation from this model behavior. Thus, we have introduced a deviation coefficient, r, for the polymer, such that

$$\cos \theta_{polymer} = r \cos \theta_{r,S} \quad (18)$$

where $\theta_{polymer}$ is the measured angle. In Wenzel's approach, r is a roughness coefficient representing the ratio between the area of the real surface of the support and the area of an "ideally smooth" surface having the same geometrical borders. Thus, r is always greater than 1.

For polymers having very irregular surfaces, this notion of roughness has no sense, and also eq 18 cannot be determined because the only known parameter is the angle measured on the real polymer. This explains why we consider r to be a deviation coefficient to the hypothetical "ideally smooth" behavior of the polymer without considering a particular geometrical model of the surface. From this point of view, the measured angle is considered to be the angle on a model polymer corrected by the factor r.

If the irregularities on the surface are voluntarily increased, we must also consider the existence of a grid effect, in which the droplet of solution can be partially in contact with the air. The surface is then described as a statistical distribution of polymeric domains, sensitive to both the pH of the drop and to the air. We apply the Cassie—Baxter relationship to this new composite surface

$$\cos \theta = N \cos \theta_{polymer} + (1 - N)\cos \theta_{air} \quad (19)$$

where N is the fraction of the surface occupied by the polymer. The domain relative to the air corresponds to complete non-wettability, that is, $\cos \theta_{air} = -1$, leading to

$$\cos \theta = N(\cos \theta_{polymer} + 1) - 1 \quad (20)$$

Equations 17, 18, and 20 lead to a very general relationship that takes into consideration both the grid effect and the deviation of the behavior of an ideally smooth polymer:

$$\cos \theta = N \left(r \frac{10^{-pH} \cos \theta_{a,S} + 10^{-pK^{eff}} \cos \theta_{b,S}}{10^{-pH} + 10^{-pK^{eff}}} + 1 \right) - 1 \quad (21)$$

We tested the validity of this relationship that allows the behavior of a possibly very irregular, composite surface to be described

(21) Wenzel, R. A. *Ind. Eng. Chem.* **1936**, *28*, 988.

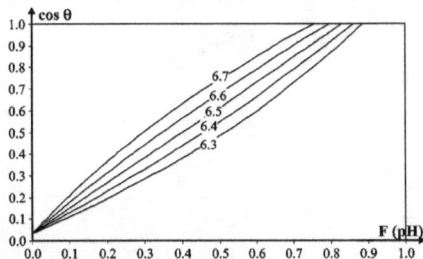

Figure 4. Plots of cos θ against F(pH) according to eq 22 for different pK^{eff} (the values are given on the curves).

by the parameters N and r, while referring to an ideally smooth model behavior.

IV. Discussion

First, we used the results obtained from the real smooth supports. For these supports, we assumed a negligible grid effect; thus, $N = 1$. Equation 21 can be written as

$$\cos \theta = r \cos \theta_{a,S} + r(\cos \theta_{b,S} - \cos \theta_{a,S}) \frac{10^{-pK^{\mathrm{eff}}}}{10^{-pH} + 10^{-pK^{\mathrm{eff}}}} \quad (22)$$

If the proposed description is correct, cos θ must vary linearly with the function $10^{-pK^{\mathrm{eff}}}/(10^{-pH} + 10^{-pK^{\mathrm{eff}}})$, which we will call F(pH). The data analysis consists of determining the value of pK^{eff}, if it exists, for which the correlation between cos θ and F(pH) gives the best linear relation. The maximum value of F(pH) obviously corresponds to a pH for which the surface becomes totally wetting. The values of the slope and the intercept of this straight line allow us to determine $r \cos \theta_{a,S}$ and $r \cos \theta_{b,S}$. The plots of cos θ against F(pH) for different pK^{eff} values are shown in Figure 4 and clearly show that pK^{eff} must be between 6.4 and 6.6.

From this, we determined that the best value of pK^{eff} was 6.50 ± 0.05, giving an excellent linear correlation with maximum standard deviation of ±2° on the experimental contact angle values. For the smooth polymer, we obtained $r \cos \theta_{a,S} = 0.035$ and $r \cos \theta_{b,S} = 1.196$. From this, we were unable to determine the values of $\theta_{a,S}$ and $\theta_{b,S}$. However, the minimum value of $\theta_{b,S}$ was 0°, giving a minimum value of 1.196 for the coefficient r. For a value of r greater than 1, a $\theta_{a,S}$ value greater than 90° would involve an increase in the contact angle measured with the acid solution. Thus, the angle $\theta_{a,S}$ should lie between 88.32° ≤ $\theta_{a,S}$ < 90° ($\theta_{a,S}$ does not depend on r and thus an increase of $\theta_{a,S}$ of 1° leads to $r = 2.949$ and $\theta_{b,S} = 66.1°$, which does not appear very realistic). The "ideally smooth" model behavior of the acidified polymer is more conveniently defined if we assume $\theta_{b,S} = 0°$, which gives a deviation coefficient of 1.196 and $\theta_{a,S}$ of 88.32°.

The good fit between the experimental contact angles and the angles calculated from eq 22 using the above parameters vs pH is shown in Figure 5. We also show the ideal smooth polymer behavior ($r = 1$, $\theta_{b,S} = 0°$, $\theta_{a,S} = 88.3°$, p$K^{\mathrm{eff}} = 6.50$), which clearly shows that the wettability of the real surface is greater than the ideally smooth surface.

The determined pK^{eff} is two units higher than the corresponding pK_a for carboxylic monoacids in aqueous solution. Certain authors[13,15,17] have suggested superficial stabilization of the acid form at the expense of the conjugated base. This can be explained

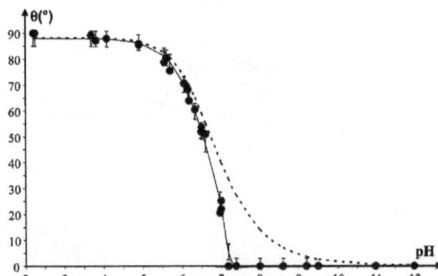

Figure 5. Experimental contact angle on smooth PVC vs pH. The solid line is the calculated contact angle from eq 22 with $r = 1.196$, $\theta_{a,S} = 88.32°$, and $\theta_{b,S} = 0°$; the dotted line is the calculated contact angle from the same equation with $r = 1$, $\theta_{a,S} = 88.32°$, and $\theta_{b,S} = 0°$.

Table 2. Variations of Contact Angles Calculated from Eq 22 for Different Roughness Factors, r

θ_S (deg)[a]	88	80	70	60	50	40	35	33.56
θ_{calc} (deg) $r = 1.23$	87.5	77.7	65.1	52.0	37.8	19.6	0	0
θ_{calc} (deg) $r = 1.20$	87.6	78.0	65.8	53.1	39.5	23.2	10.6	1.8
θ_{calc} (deg) $r = 1.17$	87.7	78.3	66.4	54.2	41.2	26.3	16.6	13.0

[a] θ_S is the contact angle on an "ideally smooth" surface ($r = 1$).

by the greater difficulty of generating negative charges at the solid–liquid interface than in water.[4] The dielectric constant of the medium, which is lower than that of water, has also been suggested to disfavor the dissociation. Hydrogen-bond formation between carboxylic acid groups and carboxylate groups has also been suggested.[5] However, K^{eff} does not only depend on the acid nature but also on its environment. When the solvent is changed, the surface composition may change, leading to a change in the surface acid dissociation constant.

The analysis of the smooth polymer behavior showed that the Cassie–Baxter relationship is useful for describing the wettability of supports made of interpenetrated domains, such as those having acid–base couples present on the surface. Experimentally, being able to condition reproducibly the surface properties of slides prepared following a well-defined protocol, but without grafting, appears remarkable considering the simplicity of the technique.

We then characterized the obtained support using a reduced number of parameters: a surface pK_a and the deviation coefficient r. Although, this coefficient has no particular geometrical significance in our approach, it describes the imperfections of the prepared surface and its value probably depends on how the substrate was prepared. The observed distribution of contact angles of ±1°–3° about the average value for each series of droplets of solution of a given pH no doubt arises from r not being constant for different slides prepared in the same way. This variability will be less for contact angles close to 90°, whereas it becomes noticeable for angles corresponding to wetting substrates. This is consistent with the smaller distribution of about ±1° for angles greater than 50°.

This point is illustrated in Table 2, which shows how the calculated contact angles vary as r varies around the determined value ($r = 1.23$).

Table 2 shows that if r changes slightly between two substrates, there can be a large variation in the observed angle for angle values less than 50°.

We can now analyze the results of voluntarily "undulating" polymeric substrates using the behavior of the "ideally smooth"

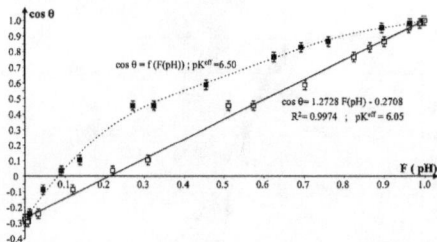

Figure 6. Contact angle variation with $F(\text{pH}) = (10^{-pK^{eff}}/10^{-pH} + 10^{-pK^{eff}})$ calculated with $pK^{eff} = 6.5$ (black squares and dashed line) and $pK^{eff} = 6.05$ (open squares and solid line).

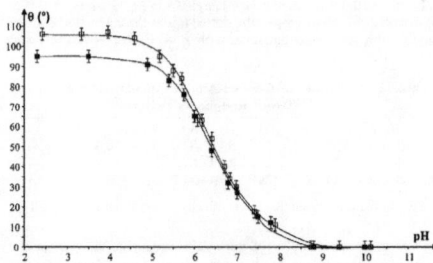

Figure 7. Variation of contact angle (θ) with the pH of the buffer aqueous solutions on a rough surface containing Aerosil at 0.5 g/g PVC (black squares) and 0.64 g/g PVC (open squares). Solid lines correspond to the calculated contact angles from eq 23 and parameters given in Table 3.

substrate as a reference and by considering a possible grid effect. Equation 22 can be written as

$$\cos \theta = [N(r \cos \theta_{a,s} + 1) - 1] + Nr(\cos \theta_{b,S} - \cos \theta_{a,s})F(\text{pH}) \quad (23)$$

As previously, this description of the wettability by this relationship assumes a linear correlation between $\cos \theta$ and $F(\text{pH})$ for a given value of pK^{eff}. Values of the intercept and the slope then allow us to determine the values of N and of r.

As the contact angle begins to fall at a pH close to that of smooth surfaces, the determined value of pK^{eff} of 6.5 would seem appropriate. As seen for the substrate containing Aerosil at a concentration of 0.64 g/g PVC, the correlation obtained with this value (dashed line in Figure 6) is not linear. However, we obtained an excellent fit with a pK^{eff} value of 6.05 (Figure 6). This validates the analysis for "undulating" surfaces and show that the Aerosil slightly increases the surface acidity of lauric acid.

The excellent description of the wettability of these rough substrates depending on the pH of the sessile droplet solution was confirmed by comparing the calculated contact angles and experimental contact angles (Figure 7). The parameters used to calculate the curves are given in Table 3. Although the value of pK^{eff} was different from that for the substrate without Aerosil, its value is similar for the two lowest Aerosil concentrations. For rough polymers, we cannot neglect the surface energy term in the chemical potential as was done for the smooth polymers. In this case, the roughness directly influences the surface reactivity and may be responsible for the increase in the observed acidity.

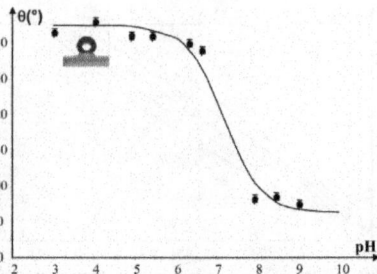

Figure 8. Variation of contact angle (θ) with the pH of the droplet on a rough surface containing Aerosil at 1 g/g PVC. The solid line corresponds to the calculated contact angle from eq 23 and the parameters given in Table 3.

Table 3. Values of the Parameters N, r, and pK^{eff} for Rough PVC Surfaces Containing Different Concentrations of Aerosil

Aerosil (g/g PVC)	$\theta_{a,s}°$	$\theta_{b,s}°$	N	r	pK^{eff}
0.5	88.3	0	0.88	1.28	6.10
0.64	88.3	0	0.69	1.90	6.05
1.0	88.3	0	0.16	5.0	7.3

The parameters for rough PVC surfaces containing Aerosil at 1 g/g PVC are given in Table 3 as an indication only because, unlike the other cases, the surface obtained under these conditions did not seem to be uniform. This surface behaved as either a totally wetting surface or a totally nonwetting surface toward a basic droplet of solution at different places on the same substrate. The limiting conditions for reproducible and uniform preparations of composite surfaces are near to this point for our conditioning technique. For example, the θ vs pH plot shown in Figure 8 and the curve calculated from the parameters given in Table 3 for this rough polymer surface show that the grid effect is starting to dominate.

In the other cases, the addition of Aerosil leads to reproducible and uniform rough surfaces that could be characterized by an acid dissociation constant and in which the behavior could be described from the parameters N and r. Variations in the Aerosil concentration modify both the surface fraction of polymer, N, in contact with the aqueous sessile droplet (this fraction decreases by about 14.5% when the Aerosil concentration increases by 0.1 g/g PVC) and the deviation coefficient, r, which increases with this concentration.

Conclusion

For applications, the "functionalized" surface preparation technique we propose allows materials to be simply prepared reproducibly and the wettability to be controlled by pH of the droplet. From different acid—base couples, we can prepare substrates for which the wettability varies from nonwetting to ultrawetting over a narrow range of pH (a range of about 1.5) around a value that can be fixed by the choice of the couple.

Adding Aerosil to the polymer can increase the hydrophobicity of the polymer substrate due to the "grid effect" without greatly affecting the acid dissociation constant.

During this work, we have shown that contact angle variations can be described from a very simple thermodynamic model and

(22) Della Volpe, C.; Maniglio, D.; Morra, M.; Siboni, S. *Colloids Surf. A* **2002**, *206*, 47.

(23) Marmur, A. *Soft Matter* **2006**, *2*, 12.

that a nonideally smooth surface can also be described. We have also shown that an interfacial equilibrium between reactants and products confined in the PVC and other species in the aqueous solution in contact can be characterized by a thermodynamic constant. However, it should be noticed that the experimental conditions in which we operated do not guarantee that thermodynamic equilibrium is really achieved. In fact, as pointed out by one of the referees, simply expecting a certain time will not enable the meniscus to arrive by itself at an equilibrium state; the meniscus remains generally entrapped in a metastable minimum, which is one of the infinite advancing states.[22,23] Correctly describing the behavior of the system from the suggested model is facilitated by the very large variations of angles. In this framework, parameters r and N must be regarded as adjustable parameters.

This work is currently being continued with the aim of characterizing systems having a roughness as perfectly controlled as possible and of establishing a relationship between the parameters r, N, and the surface geometry.

LA061324P

Chapitre II

L'oxyde de zinc : propriétés, méthodes de synthèse et mouillabilité

II-1. L'oxyde de zinc

Danc ce chapitre bibliographique, nous allons présenter les différentes propriétés de l'oxyde de zinc (ZnO) ainsi que les méthodes de synthèse de cet oxyde. Nous nous intéresserons plus particulièrement à la synthèse en solution et aux différentes morphologies obtenues par électrodépôt et enfin nous montrons comment la mouillabilité de ces films peut être modifiée par adsorption de molécules organiques auto-assemblées.

II-1-1. Propriétés physiques de l'oxyde de zinc

Différentes propriétés physiques de l'oxyde de zinc à structure hexagonale [1] sont regroupées dans le tableau 1.

Propriété	Valeur
Paramètres de maille à 300 K :	
a_0	0,32495 nm
c_0	0,52069 nm
c_0/a_0	1,602 (1,633 pour la structure hexagonale idéale)
Masse volumique	5,606 g cm^{-3}
Phase stable à 300 K	wurtzite
Point de fusion	1975°C
Conductivité thermique	1-1,2 W m^{-1} K^{-1}
Coefficient d'expansion linéaire (/°C)	a_0 : 6,5 10^{-6}, c_0 : 3,0 10^{-6}
Constante diélectrique statique	8,656
Indice de réfraction	2,008-2,029
Energie de la bande interdite (gap)	3,4 eV (direct)
Concentration de porteurs intrinsèques	< 10^6 cm^{-3}
Energie de liaison des excitons	60 meV
Masse effective de l'électron	0,24
Mobilité Hall de l'électron à 300 K pour une conductivité de type n faible	200 cm^2 V^{-1} s^{-1}
Masse effective du trou	0,59
Mobilité Hall du trou à 300 K pour une conductivité de type p faible	$5 - 50$ cm^2 V^{-1} s^{-1}

Tableau 1 : Propriétés physiques de l'oxyde de zinc sous la forme wurtzite [1].

II-1-2. Propriétés structurales et optiques de l'oxyde de zinc

L'oxyde de zinc, connu sous le nom de zincite à l'état naturel, cristallise selon la structure hexagonale compacte du type wurtzite, représentée figures 1 et 2, les paramètres de maille a et c sont respectivement 0,325 nm et 0,521 nm (tableau 1). Le ZnO appartient au groupe d'espace P6$_3$mc. Les atomes de zinc sont tétracoordonnés. La structure de l'oxyde de zinc peut être représentée par deux réseaux hexagonaux compacts, l'un d'ions Zn^{2+}, l'autre d'ions O^{2-}. Ces réseaux se déduisent l'un de l'autre par translation parallèle à l'axe c de la maille et d'amplitude égale à $\frac{3}{8}c$.

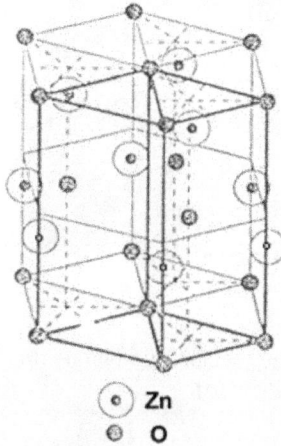

Figure 1: Structure cristalline hexagonale compacte de l'oxyde de zinc.

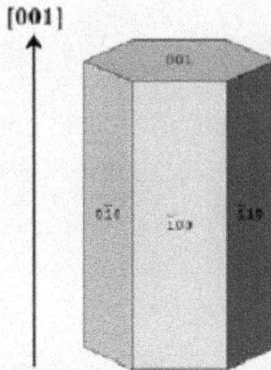

Figure 2: Plans cristallographiques du ZnO [2].

Les plans $(00\bar{1})$ sont formés par les faces des tétraèdres d'oxygène tandis que les plans (001), plus réactifs, sont formés par les sommets des tétraèdres de zinc (figure 3). Les faces parallèles à l'axe c sont, quant à elles, non polaires.

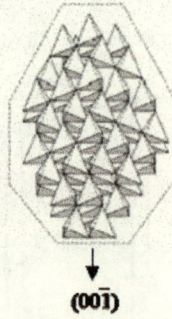

(00$\bar{1}$)

Figure 3: Vue de la structure cristallographique du ZnO hexagonal sous forme de tétraèdres d'atomes d'oxygène **[3]**.

Le ZnO possède des propriétés piézoélectriques dues à sa symétrie axiale [4]. C'est également un semi-conducteur II-VI intrinsèquement de type n. Le type p est très difficile à obtenir, il a été préparé récemment à partir de méthodes physiques [5] mais n'a jamais été synthétisé à partir d'une méthode en solution.

Le ZnO présente une bande interdite d'environ 3,4 eV [1], ce qui permet de le classer parmi les semi-conducteurs à grand gap. Cette valeur de bande interdite peut varier de quelques dixièmes d'eV suivant le mode de préparation et le taux de dopage [1]. L'oxyde de zinc préparé très peu dopé a beaucoup d'applications notamment en luminescence.

Pour émettre des rayonnements UV à température ambiante, l'énergie d'excitation doit être supérieure à l'énergie thermique ($k_B T \sim 25$ meV, avec k_B la constante de Boltzmann).

Sous l'action d'un faisceau lumineux de haute énergie ($h\nu > 3,4$ eV) ou sous bombardement d'électrons, l'oxyde de zinc émet des photons, ce phénomène correspond à la luminescence. La longueur d'onde du rayonnement émis s'étend du proche UV (0,35 μm) au visible (rayonnéel de couleur verte, $\lambda = 0,55$ μm) suivant les caractéristiques de l'oxyde. Les spectres de photoluminescence du ZnO non dopé montrent un niveau de défaut élevé dans la région du visible. Dans la littérature, une luminescence de couleur verte, jaune, rouge-orangé et rouge a été rapportée [6].

II-1-3. Propriétés chimiques et catalytiques de l'oxyde de zinc

Les semiconducteurs comme le ZnO sont d'excellents catalyseurs de réactions d'oxydation, de déshydrogénation et de désulfurisation. L'efficacité de l'oxyde de zinc dépend de son mode de préparation.

L'oxyde de zinc en suspension dans l'eau, est un catalyseur photochimique d'un certain nombre de réactions comme l'oxydation de l'oxygène en ozone, l'oxydation de l'ammoniaque en nitrate, la réduction du bleu de méthylène, la synthèse du peroxyde d'hydrogène [7,8] ou encore l'oxydation des phénols [9].

Dans la suite de ce chapitre, nous donnerons le contexte général des travaux sur la synthèse de couches minces d'oxyde de zinc et sur l'ajout d'additifs afin de fonctionnaliser ces couches. Enfin, nous détaillerons les méthodes d'électrodépôt de ZnO adoptées dans la littérature ainsi que les différentes morphologies de nanostructures obtenues.

II-2. Synthèse de l'oxyde de zinc en solution

L'oxyde de zinc peut être synthétisé par différentes méthodes physiques de dépôt sous vide comme, par exemple, l'évaporation thermique [10,11,12,13,14,15,16], le dépôt par laser pulsé [17,18,19,20,21], la pulvérisation cathodique (sputtering) [22,23,24], ainsi que par voie chimique en phase vapeur ou C.V.D. (chemical vapour deposition) [25,26,27,28,29,30] ou (d'organométaux MOCVD) [31,32,33,34]), etc.

Toutefois, une autre voie de synthèse est envisageable pour la formation d'oxyde de zinc, celle dite par voie « humide », c'est-à-dire en solution. On modifie le pH de la solution de synthèse en ajoutant une base ou un précurseur. Dans notre cas, nous nous intéresserons par la suite essentiellement à l'électrodépôt mais il existe aussi d'autres méthodes en solution. En effet, le dépôt de ZnO peut être réalisé par des méthodes de synthèse en solution telles que la voie sol-gel [35,36,37,38,39,40], le dépôt en bain chimique ou C.B.D. (chemical bath deposition) [36,41,42,43,44,45,46,47], la synthèse hydrothermale [2,48,49,50,51], la précipitation [52,53] et l'électrodépôt (et l'électrodépôt épitaxial).

L'électrodépôt de films de ZnO a été découvert en 1996 par S. Peulon et D. Lincot [54] dans notre laboratoire, et depuis un très grand nombre de papiers sont parus en adoptant cette méthode de synthèse pour préparer l'oxyde de zinc [55,56,57,58,59,60,61,62,63,64,65,66,67,68,69,70,71,72,73].

Le dépôt d'oxyde de zinc par procédé sol-gel est, en général, réalisé à partir de solutions d'acétate de zinc. Récemment, Liu et al. [35] ont synthétisé des nanotubes de ZnO par méthode sol-gel en s'aidant d'une membrane d'oxyde d'aluminium (anodic aluminium oxide template). On prépare une solution d'acétate de zinc dans l'éthanol que l'on mélange jusqu'à obtenir une solution claire. Ensuite, une quantité d'hydroxyde de potassium est ajoutée. La solution est soumise aux ultrasons et agitée pendant une heure avant d'y plonger la membrane d'alumine. Une fois retirée, elle est séchée à l'air pendant 30 minutes, puis chauffée à 600°C ainsi les nanotubes de ZnO sont synthétisés à l'intérieur des pores de la membrane.

Natsume et Sakata [37] ont déposé des films d'oxyde de zinc sur des substrats de verre Pyrex à partir de solutions d'acétate de zinc dans le méthanol et un traitement thermique. Pal et Sharon [38] ont décrit la synthèse de films poreux de ZnO fortement photoactifs à partir de solutions d'acétate de zinc dans l'isopropanol et un traitement thermique à 400°C pendant 1h. Basak et coll. [39] ont aussi formé des films d'oxyde de zinc à partir d'acétate de zinc dissous dans l'isopropanol en ajoutant à cette solution de la diméthylamine afin de stabiliser la phase sol.

Le dépôt en bain chimique permet d'obtenir des films de ZnO bien cristallisé présentant d'excellentes propriétés optiques. En effet, Izaki et al. [41,42] ont combiné la méthode sol-gel à la CBD pour fabriquer des films de ZnO et cela à partir d'une solution d'acétate de zinc. Les températures de pré et post chauffage sont respectivement 100 et 230°C. La méthode CBD est utilisée pour former la deuxième couche de ZnO. Les substrats sont immergés dans la solution de CBD contenant du nitrate de zinc et du diméthylamine borane, la croissance du film est réalisée à 60°C. Cheng et al. [36] ont utilisé la même méthode pour former des films de ZnO.

Ouerfelli et al. [46] ont aussi fabriqué des films de ZnO par CBD et cela à partir d'un mélange d'acétate de zinc et d'éthylène diamine. L'hydroxyde de sodium est ajouté au bain afin d'augmenter son pH. La température est maintenue constante entre 60 et 65°C. Le recuit est fait à 300°C pendant 30 minutes à l'air puis sous vide à 300°C pendant 2h. Les films obtenus ont une structure hexagonale, ils sont rugueux et poreux.

Mitra et al. [47] ont utilisé du zincate d'ammonium pour préparer du ZnO. Les films obtenus croissent préférentiellement avec l'axe c et possèdent une résistivité très élevée égale à $10^5 \, \Omega$ cm. O'Brien et coll. [43,44,45] ont synthétisé des films d'oxyde de zinc par CBD à 70-90°C, à partir de solutions aqueuses contenant du nitrate de zinc [43] ou un carboxylate de zinc [44,45] et un complexant amine tel que l'éthylènediamine (EN) [43,45], la triéthanolamine (TEA) [44,45], l'hexaméthylènetétramine (HMT) [44,45]. Selon les conditions de dépôt, on peut contrôler la morphologie de ZnO. Ainsi, on obtiendra des cristallites en forme d'étoiles à partir d'acétate de zinc et de EN, des films denses et couvrants à partir de $Zn(NO_3)_2$ et TEA et des films composés de colonnes hexagonales à partir d'acétate de zinc et HMT.

La synthèse hydrothermale de particules d'oxyde de zinc [2] est aussi possible par précipitation contrôlée à 90°C à partir d'acétate ou de nitrate de zinc solubilisé soit dans l'eau soit dans des solutions aqueuses de soude plus ou moins concentrées. Récemment, Xi et al. [51] ont rapporté la préparation des «*nanobelts*» de ZnO sur un substrat de silicium par cette méthode. Zhu et al. [50] ont réussi à fabriquer des nanocolonnes de ZnO en remplaçant l'hydroxyde de sodium par l'hydrazine hydratée qui réagit avec le dichlorure de zinc pour former un complexe. Les nanocolonnes obtenues ont une longueur de 2 µm et un diamètre de 70 nm.

Des sphères de ZnO ont aussi été obtenues par Zhou et al. [49] en adoptant cette méthode. Vayssières et coll. [2] ont rapporté la synthèse hydrothermale à 90°C de microtubes de ZnO orientés sur un substrat par décomposition thermique du complexe amino-zinc formé à partir de nitrate de zinc et d'hexaméthylènetétramine.

Rodriguez-Paez et coll. [52] ont synthétisé des nanoparticules de ZnO par précipitation à partir de solutions alcooliques de $Zn(CH_3CO_2)_2$ et de NaOH à 60°C.

La synthèse électrochimique a été aussi largement utilisée pour déposer des films d'oxyde de zinc ou préparer des nanocristaux de ZnO. Kitano et Shiojiri [74] ont obtenu des films de ZnO, en milieu aqueux sans électrolyte support, par oxydation d'une anode en zinc métallique en ions Zn^{2+} qui réagissent avec les ions hydroxyde générés à une cathode en platine. L'oxyde se forme ainsi à la cathode. D'autres travaux sur le dépôt d'oxyde de zinc par oxydation du zinc métallique ont été rapportés dans la littérature [75].

Pour notre part, nous nous sommes plus particulièrement intéressés à l'électroréduction cathodique comme moyen de préparation de films de ZnO nanostructurés tels que les nanocolonnes et les nanotiges.

II-3. Le dépôt électrochimique par élévation locale du pH : méthode de préparation de ZnO nanostructuré

II-3-1. Electrodépôt de ZnO

L'électrodépôt de ZnO nécessite des substrats conducteurs. Cependant, cette méthode présente plusieurs avantages par rapport aux méthodes chimiques comme nous allons détailler dans le chapitre III. En général, elle consiste en l'électroréduction d'un précurseur d'ions hydroxyde. Le précurseur utilisé peut être les ions nitrate [56,57,58,59,60,61,62,63], l'oxygène [54,64,65,66,67,68] ou le peroxyde d'hydrogène [69,70]. Les ions zinc présents en solution réagissent avec les hydroxydes et l'oxyde de zinc précipite. La comparaison des courbes de solubilité du ZnO et du $Zn(OH)_2$ calculées entre 25 et 90°C montre que le ZnO est thermodynamiquement plus stable [76]. La figure 4a présente les courbes de solubilité du ZnO et $Zn(OH)_2$ calculées à 70°C en présence de 0,1 M de KCl. S' correspond à la concentration totale de Zn(II) en solution. Ces courbes montrent qu'une sursaturation n'est atteinte que si le pH initial de la solution n'est pas très bas. On peut montrer que la valeur du pH initial se situe entre 5 et 6,5. En solution, les ions Zn^{2+} peuvent être complexés par des ions OH^- et des Cl^- ; différentes espèces de Zn(II) peuvent ainsi être identifiées selon la concentration de l'espèce et le pH de la solution. A partir des diagrammes de prédominance, nous pouvons conclure que les principales espèces présentes dans les solutions de chlorures pour déposer le ZnO sont Zn^{2+}, $Zn(OH)^+$ et $ZnCl^+$ (Figure 4b). Les sels de chlorure sont classiquement utilisés comme électrolyte support dans l'électrodépôt de ZnO.

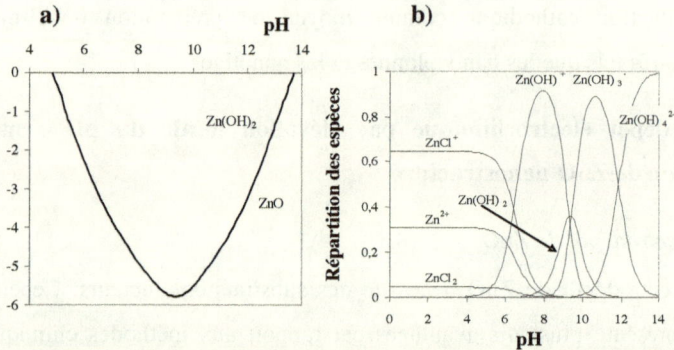

Figure 4 : a) Courbe de solubilité du ZnO et Zn(OH)$_2$ à 70°C. b) Diagramme de répartition des espèces de Zn(II) dans 0,1 M KCl [76].

II-3-1-1. *Précurseur à base de l'oxygène moléculaire O$_2$*

La réduction de l'oxygène moléculaire pour la préparation du ZnO a été proposée par Lincot et al. en 1996 [54,64]. Le mécanisme de la réaction est :

$$O_2 + 4\,e^- + 2\,H_2O \rightarrow 4\,OH^- \qquad E° = 0,401 \text{ V/ENH} \qquad \text{(Eq. 1)}$$

$$Zn^{2+} + 2\,OH^- \rightarrow ZnO + H_2O \qquad \text{(Eq. 2)}$$

La génération d'ions hydroxyde entraîne une augmentation du pH au voisinage de l'électrode et une sursaturation locale de OH$^-$ permettant ainsi la précipitation de l'oxyde. Les ions Zn^{2+} peuvent ensuite réagir avec les ions hydroxyde pour former le film de ZnO à la surface du substrat. Ce dépôt est en général réalisé à 70-80°C. Il est limité par la faible solubilité de O$_2$ en solution aqueuse (~ 0,8 mM à 70°C [76]). Récemment, Pauporté et al. [77] ont publié une étude cinétique de la réduction de O$_2$ sur une électrode de ZnO dans des conditions similaires à celles utilisées dans le processus d'électrodépôt.

Cette voie de synthèse a aussi donné des résultats satisfaisants en milieu non aqueux. En effet, Gal et al. [78] ont rapporté la formation de films de ZnO bien cristallisés et ayant de bonnes propriétés optiques dans du diméthylsulfoxyde contenant du perchlorate de zinc et du perchlorate de lithium ainsi que de l'oxygène. O'Regan et al. [79] ont, quant à eux, synthétisé des films poreux d'oxyde de zinc en milieu carbonate de propylène contenant du chlorure de zinc, du nitrate de lithium et de l'oxygène.

Pauporté et al. [80] ont préparé du ZnO électrodéposé épitaxial sur différents cristaux tel le GaN. Des films denses et lisses ont été obtenus. L'orientation de la croissance du ZnO dépendait de celle des différents substrats, différentes nanostructures sont décrites telles que des nanocolonnnes [81,82].

L'électrodépôt épitaxial a été également utilisé par Limmer et al. [73]. Le ZnO est précipité à partir d'une solution de Zn(II) préparée dans le NaOH en ajoutant de l'acide nitrique. L'électrodépôt du film sur un substrat d'or est obtenu en diminuant le pH local à l'électrode et cela en oxydant électrochimiquement l'ion ascorbate. L'étude révèle la formation des nanocolonnes.

II-3-1-2. Précurseur à base de peroxyde d'hydrogène H_2O_2

La réduction de H_2O_2 sur l'électrode de travail produit des ions OH^- (Eq. 3) ce qui provoque une augmentation locale du pH. ZnO précipite pour former un film sur l'électrode de travail. Par comparaison avec l'oxygène, le H_2O_2 est très soluble dans l'eau ce qui permet d'éviter tous les problèmes liés à l'utilisation de gaz. L'eau oxygénée, comme le dioxygène, produit uniquement des ions hydroxyde consommés ultérieurement pour la formation de ZnO. La présence de polluants ou d'autres espèces interférentes dans le bain est ainsi évitée. Les films de ZnO sont électrodéposés à 70 °C, et -1 V par rapport à une électrode à calomel saturé (ou ECS) à des concentrations variables de H_2O_2 et en présence d'un excès de Zn^{2+} en prenant les perchlorate comme électrolyte support.

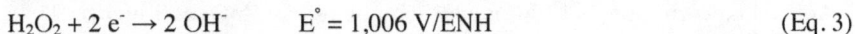

$$H_2O_2 + 2\ e^- \rightarrow 2\ OH^- \qquad E^\circ = 1,006\ V/ENH \qquad\qquad (Eq.\ 3)$$

Les films obtenus sont texturés et croissent selon la direction [0002] [69]. Ce mécanisme d'électrodépôt a été étudié plus en détails dans un milieu à base de chlorures [70]. Une étude paramétrique a été réalisée en modifiant la nature du substrat, la concentration en H_2O_2 et en fixant la quantité de zinc.

II-3-1-3. Précurseur à base de l'ion nitrate NO₃⁻

Les ions nitrate peuvent aussi être employés comme précurseur pour électrodéposer [83] des films de ZnO. La réaction est la suivante :

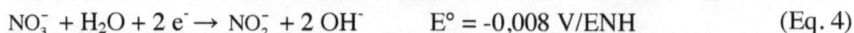

$$NO_3^- + H_2O + 2\,e^- \rightarrow NO_2^- + 2\,OH^- \qquad E° = -0,008\ V/ENH \qquad (Eq.\ 4)$$

L'utilisation des nitrates est simple et intéressante puisqu'elle évite l'emploi d'un gaz. Cependant, la réaction 5 produit des ions nitrite qui s'accumulent dans le bain. Les films de ZnO sont bien cristallisés selon la structure wurtzite. L'étude montre que le potentiel appliqué ainsi que la concentration du nitrate de zinc ont un effet considérable sur l'orientation de la croissance du film [84,85]. Pour un potentiel égal à -0,7 V/ECS, le film présente les faces hexagonales du plan (0002), alors que pour des potentiels plus faibles, le film change d'orientation cristallographique, et l'axe *c* est orienté parallèle à la surface.

Une autre spécificité à cette voie de synthèse est de pouvoir déposer le ZnO à un potentiel relativement bas (-1,4 V) pour lequel du zinc métallique se formerait si on utilisait d'autres précurseurs.

Zhang et al. [86] ont préparé du ZnO électrodéposé à une température de 0 °C et un potentiel initial de -1,30 V/ECS. Les films obtenus sont transparents et présentent une bande gap égale à 3,37 eV. Ils sont formés de cristaux et orientés selon l'axe *c*.

II-4. Préparation de ZnO nanostructuré par électrodépôt

II-4-1. Nanocolonnes de ZnO

Après la description des différentes propriétés du ZnO et l'intérêt de la synthèse électrochimique, nous aborderons dans ce paragraphe les différentes morphologies du ZnO qui peuvent être synthétisées par électrodépôt.

Les nanocolonnes de ZnO sont des nanostructures souvent formées en solution aqueuse. Cette morphologie de film est favorisée par la structure polaire du ZnO comme cela sera détaillé dans le chapitre III.

II-4-2. Nanotiges de ZnO

Beaucoup de travaux ont montré l'effet d'une couche tampon ou (seed layer SL) sur la morphologie du ZnO électrodéposé.

Cao et al. [87] ont étudié la croissance électrochimique de ZnO sur une couche tampon orientée (0001). Le bain est constitué de nitrate de zinc. Une première étape consiste à déposer une couche tampon par pulvérisation cathodique sur un substrat de silicium. Dans une deuxième étape, le ZnO est déposé à différents courants imposés. Les auteurs observent des transitions de morphologie lors de l'augmentation de la densité de courant cathodique. Aux faibles densités de courant, une couche lisse et compacte est obtenue. Par contre aux densités élevées, des nanotiges de ZnO bien alignées et de densité élevée sont observées. Ces nanotiges sont perpendiculaires au substrat, lisses et de diamètre égal à 100 nm. Leur longueur est contrôlée par le temps de dépôt. Pour les densités de courant moyennes, les films observés à l'œil nu semble former des particules blanches de ZnO.

Lévy-Clément et al. [88] ont préparé des nanotiges de ZnO à partir d'une couche tampon de ZnO. La couche compacte de ZnO est préparée par électrodépôt à température ambiante. Après la formation de cette première couche, le ZnO est électrodéposé à partir de solutions à faibles concentrations en sel de zinc comprises entre 0,1 et 1 mM dans du KCl en utilisant le dioxygène comme précurseur suivant le protocol décrit par Lincot et al. [54].

II-4-3. Croissance de nanocolonnes de ZnO à partir des membranes « template »

L'électrodépôt dans des membranes « template » est une autre méthode permettant de produire des nanotiges de ZnO. Son principe consiste à déposer un film mince d'or sur un seul côté de la membrane par pulvérisation ou évaporation sous vide, ensuite le ZnO est électrodéposé et la croissance débute du côté de l'électrode d'or et se propage en passant par les pores pour atteindre la surface de la membrane. Cette méthode permet d'obtenir des nanostructures telles que des nanocolonnes ou des nanotiges de longueurs et de diamètres contrôlés puisque ces paramètres sont fixés par la géométrie des pores de la membrane. Cette technique est détaillée dans les travaux de Zheng et al. [89].

La réduction cathodique permet d'obtenir des couches d'oxyde de zinc bien cristallisées et présentant d'excellentes propriétés optiques. Ces films d'oxyde peuvent acquérir d'autres propriétés physico-chimiques par ajout d'éléments inorganiques ou organiques dans le bain de dépôt.

II-5. Contrôle de la croissance du ZnO en solution par ajout d'additifs organiques et formation de matériaux hybrides organo-minéraux

II.5.1- Synthèses chimiques en solution

Divers composés organiques peuvent interagir avec la matrice oxyde. Il en est ainsi des polymères, des colorants organiques, des complexes organo-métalliques, des protéines, des molécules silicées ou bien des acides carboxyliques. Ils sont ajoutés dans la solution de dépôt afin de modifier et contrôler la morphologie des films ou des précipités de ZnO.

Des hybrides organo-minéraux préparés par méthode sol-gel [90,91,92,93,94] ont conduit à la formation de matériaux nanostructurés à base d'oxydes tels que la silice ou l'oxyde de titane et de chromophores, avec pour applications des moyens optiques de stockage des données, des dispositifs photochromes, etc.

Saxena et al. [95] ont rapporté la formation des nanotiges hybrides de ZnO/poly(3-hexylthiophène) P3HT. Les nanotiges de ZnO ont été préparées par CVD. Différentes morphologies de P3HT:ZnO ont été obtenues en faisant varier les rapports de ces deux constituants en solution.

Zhang et al. [96] ont préparé différentes nanostructures de ZnO, par réaction du carboxylate de zinc avec l'oleylamine.

Gertsel et al. [97] ont montré l'influence de l'ajout de l'hexaméthylène tétramine à la réaction de formation de ZnO.

Récemment, l'hexaméthylène tétramine (HMT) (aussi appelé méthènamine ou hexamine), de formule chimique $C_6H_{12}N_4$ a été employée comme précurseur pour la préparation de ZnO. Le substrat est placé dans un flacon contenant un mélange de HMT et un sel de Zn(II) dans l'eau chauffé à 50-90°C. L'HMT déclenche une décomposition thermique lente qui produit du H_2O, NH_4OH et CH_2O et augmente le pH de la solution contrôlant ainsi la nucléation de ZnO [98]. Les nanocolonnes obtenues sont orientées avec l'axe c et perpendiculaires au substrat.

Vayssières et al. [2] ont obtenu des microtubes de ZnO orientés sur un substrat (figure 5) par décomposition thermique des complexes zinc-amines formés à partir de nitrate de zinc et d'hexaméthylène tétramine. Cette amine tertiaire cyclique tétradentate a été choisie pour accomplir la précipitation de l'ion Zn^{2+}, la nucléation de la forme oxyde stable et la dissolution de ses faces polaires métastables (001) par vieillissement. On peut noter que les tubes sont de taille micrométrique alors que les côtés des tubes sont fins, leur épaisseur variant entre 100 et 200 nm.

Figure 5: Photographie M.E.B. de nanotubes de ZnO creux [2].

Duan et al. [99] ont étudié l'effet de l'ajout du polyéthylène glycol sur la croissance chimique du ZnO. Des nanotubes de ZnO sont préparés sur des substrats de verre en deux étapes. Ils sont orientés perpendiculairement au substrat et possèdent des sections hexagonales.

Tian et al. [100] ont montré comment contrôler la croissance du ZnO en modifiant la concentration de citrate dans le bain. L'augmentation de la concentration diminue le rapport L/l des colonnes. Les auteurs ont réussi à préparer des nanocolonnes de ZnO à partir d'une solution de citrate et les couvrir ensuite par des plaquettes de ZnO en utilisant une solution avec une concentration de citrates plus élevée.

L'ajout de composés organiques peut aussi permettre la fonctionnalisation du film d'oxyde. Une méthode classique consiste à adsorber le composé organique lors d'une étape post-dépôt dans une matrice oxyde poreuse. Le cas le plus courant est celui des photoanodes des cellules de Grätzel [101,102,103]. Les films de TiO_2 ou ZnO sensibilisés par des colorants tels que des complexes de ruthénium sont utilisés dans les cellules solaires sensibilisées par des colorants ou DSSC (dye sensitized solar cells) permettant d'atteindre des rendements de conversion de l'ordre de 11% pour le TiO_2 sensibilisé par le cis-$RuL_2(NCS)_2$ (L correspond à l'acide 2,2'-bipyridyl-4,4'-dicarboxylique) et un électrolyte à base de thiocyanate de guanidinium [102].

Certains auteurs ont aussi immobilisé des protéines dans des matrices d'oxyde. Ainsi, Topoglidis et al. [104,105] ont immobilisé le cytochrome c ou la protéine de fluorescence verte sur des semi-conducteurs (TiO_2 et ZnO) en vue d'applications dans le domaine des biocapteurs nanoporeux employant l'électrochimie réductrice. Cette immobilisation a lieu par immersion des semi-conducteurs dans des solutions de protéines ce qui conduit à l'adsorption des protéines sur les oxydes.

II-5-2. Synthèses électrochimiques

L'ajout d'un tensioactif anionique tel que le dodécylsulfate de sodium (SDS) ou cationique tel que le bromure de cétyltriméthylammonium [106] dans le bain nitrate d'électrolyse permet de contrôler la morphologie du film de ZnO électrodéposé. Les têtes anioniques du SDS interagissent avec les ions Zn^{2+} en solution, ce qui permet d'aboutir à la formation de phases lamellaires d'oxyde de zinc. La morphologie du film ne dépend plus de la quantité de SDS ajouté, dès que la concentration en SDS est supérieure à la concentration micellaire critique ou CMC. Récemment, Boeckler et al. [107] ont étudié l'électrodépôt de ZnO en présence de différents sels d'alkylsulfates et d'alkylsulfonates de différentes longueurs de chaînes hydrocarbonées. Ils obtiennent ainsi non seulement des lamelles de ZnO mais aussi des nanoparticules de 200 à 300 nm de diamètre toujours en se plaçant au-dessous de la CMC (figure 6).

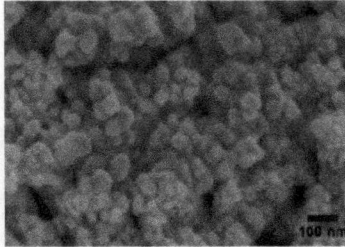

Figure 6 : Photo MEB de nanoparticules de ZnO en présence d'une concentration de SDS égale à 6 mM [107].

Tan et al. [108] ont étudié l'effet de diverses conditions chimiques et électrochimiques sur le type, la qualité, l'homogénéité et l'orientation des structures lamellaires incorporées dans les films de ZnO. Les résultats montrent la formation de bicouches de ZnO-tensioactifs sur l'électrode de travail durant l'électrodépôt. Les interactions électrostatiques entre les tensioactifs anioniques et les ions Zn^{2+} sont cruciales pour introduire ces ions dans les bicouches de tensioactifs et guider la croissance lamellaire de ZnO. L'ajout d'un co-surfactant cationique change le degré d'ordre, l'orientation et la taille des agrégats amphiphiles. Michaelis et al. [109] ont étudié l'effet de la concentration du SDS sur la densité de courant et la morphologie du ZnO. Ils concluent que la densité de courant commence à augmenter quand la concentration atteint 300 µM. Pour des concentrations supérieures à 600 µM en SDS, les films sont mécaniquement instables et fissurés (figure 7).

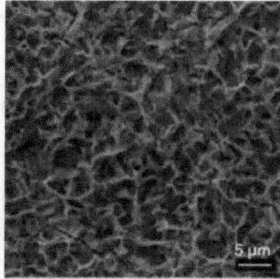

Figure 7 : Images MEB de films de ZnO déposé pendant 20 minutes en présence d'une concentration de 600 µM en SDS [109].

Des polymères peuvent aussi être utilisés dans la préparation de matériaux hybrides. Récemment, Pauporté [110] a utilisé le polyvinyl alcool (PVA) de haut poids moléculaire soluble dans l'eau comme additif dans le bain de synthèse de ZnO. Il montre que le PVA peut complexer les ions Zn(II) dans les mêmes conditions d'électrodépôt de ZnO et en utilisant le dioxygène comme précurseur. Les films obtenus sont très lisses, homogènes et présentent une bonne conductivité en fonction de la quantité de PVA ajoutée. L'orientation du film dépend de la quantité de PVA ajoutée. En l'absence de PVA, les films sont orientés selon la direction [0002], lors de l'ajout de PVA à une concentration égale à 2 g L^{-1}, ils sont orientés respectivement suivant [10$\bar{1}$1] et [10$\bar{1}$0]. Les films sont luminescents à température ambiante, l'étude montre aussi que la densité des défauts dans le cristal diminue en fonction de la quantité de polymère ajoutée. On forme alors des nanocolonnes de ZnO dont la longueur est de l'ordre de 1 µm.

T. Yoshida et al. [111] ont étudié l'effet de l'ajout de différents colorants sur la croissance de ZnO par électrodépôt cathodique. Ils ont constaté que la plupart d'entre eux étaient incorporés dans le film pour former des composés hybrides ZnO/colorant. Ils ont ainsi préparé des couches contenant des colorants sulfonatés [111,112,113], phosphatés [114], carboxylés [115,116,117,118] voire carboxylés et sulfonatés [119]. Les colorants sulfonatés utilisés sont des métallophtalocyanines tétrasulfonatées (MTSPc). Quand le métal, M, du complexe est du zinc [111,112,113], le colorant

47

forme des multicouches d'agrégats sur l'oxyde de zinc. Si le centre métallique du colorant est du silicium ou de l'aluminium [112], le colorant s'adsorbe sur l'oxyde sous forme de monomère. Le dépôt prend la forme d'un empilement de disques dans le cas de SiTSPc. Ceci est attribué au caractère bloquant des molécules de phtalocyanine tétrasulfonatée de silicium adsorbées préférentiellement sur la face (0002) du cristal en cours de croissance.

Karuppuchamy et al. [114] ont obtenu par électrodépôt cathodique des films de ZnO/riboflavine 5'-phosphate. Les molécules organiques phosphatées s'adsorbent sur la surface de ZnO et modifient significativement la croissance de l'oxyde de zinc.

Les composés carboxylés utilisés sont des dérivés du xanthène [115,116,117,118] et la coumarine 343 [120]. Parmi les colorants testés, les plus prometteurs se révèlent être l'éosine Y (EY) et la coumarine 343. Le rendement de conversion de photons incidents (I.P.C.E. pour incident photon to current conversion efficiency) en électrons dans le circuit extérieur est de 42% pour les films hybrides ZnO/EY (figure 8).

Yoshida et al. [117] ont étudié le mécanisme de réduction de cette molécule et son incorporation dans la matrice oxyde. Ils montrent ainsi que la morphologie du film est différente selon le potentiel de dépôt des couches. En effet, si la réduction du colorant ne peut pas avoir lieu, le film consiste en des particules de forme hexagonale tout comme le ZnO pur (figure 8a) alors que si le colorant se réduit, les particules sont en forme de « choux-fleurs » (figure 8b). Dans le premier cas, l'éosine Y est incluse dans les grains de ZnO pour former des cristaux compacts d'hybrides ZnO/EY alors que dans le deuxième cas, le dépôt du film réalisé simultanément avec la réduction de l'éosine Y conduit à la formation de cristaux de ZnO poreux sur lesquels l'éosine Y est adsorbée.

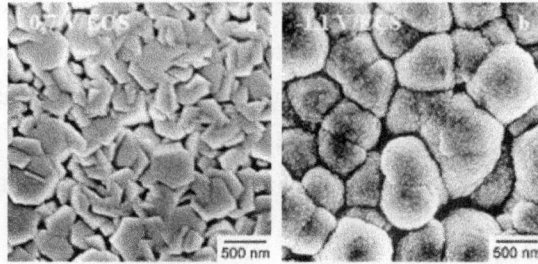

Figure 8 : a) Photographie MEB d'un film électrodéposé de ZnO/EY à - 0,7 V/ECS, b) Photographie MEB d'un film électrodéposé de ZnO/EY à 1,1 V/ECS [117].

Yoshida et al. ont montré aussi que l'éosine Y peut être désorbée du film pour laisser une matrice de ZnO presque pure et cela en plongeant le film dans une solution de KOH de pH 10,5 [118]. Le film obtenu est mésoporeux et présente une grande surface. Leur porosité et leur surface spécifique sont mesurées par BET. Plusieurs paramètres tels que le temps d'électrodépôt et la concentration de l'éosine dans le bain influent grandement sur la porosité du film qui atteint un maximum de 60% pour une concentration d'éosine de 40 µM dans le bain. La surface spécifique augmente avec la concentration de l'éosine jusqu'à une concentration de 60 µM. Pour les concentrations supérieures, les films deviennent mécaniquement fragiles. Le temps d'électrodépôt a également été optimisé afin d'obtenir un film d'épaisseur de 2 à 3 µm maximum [122].

On peut aussi noter que la morphologie et l'orientation préférentielle de l'oxyde de zinc diffère selon la nature du colorant utilisé. Ainsi, en présence d'éosine Y, ZnO/EY croît avec l'axe *c* perpendiculaire au substrat comme pour le ZnO pur alors qu'en présence de coumarine 343, le film hybride croît avec l'axe *c* parallèle au substrat (figure 9).

Les rendements de conversion I.P.C.E. sont plus élevés quand les colorants sont réadsorbés dans une matrice poreuse obtenue en utilisant l'éosine Y dans le bain de dépôt. La valeur de l'I.P.C.E. maximum est de 91%, ceci étant attribué à l'absence de formation d'agrégats lors de la réadsorption [118]. Récemment, un rendement global de conversion de 5,6 % a été atteint en réadsorbant de l'additif D149 [121], un colorant à base d'indoline, actuellement envisagé en tant qu'alternative aux additifs à base de ruthénium qui sont utilisés dans les DSSC.

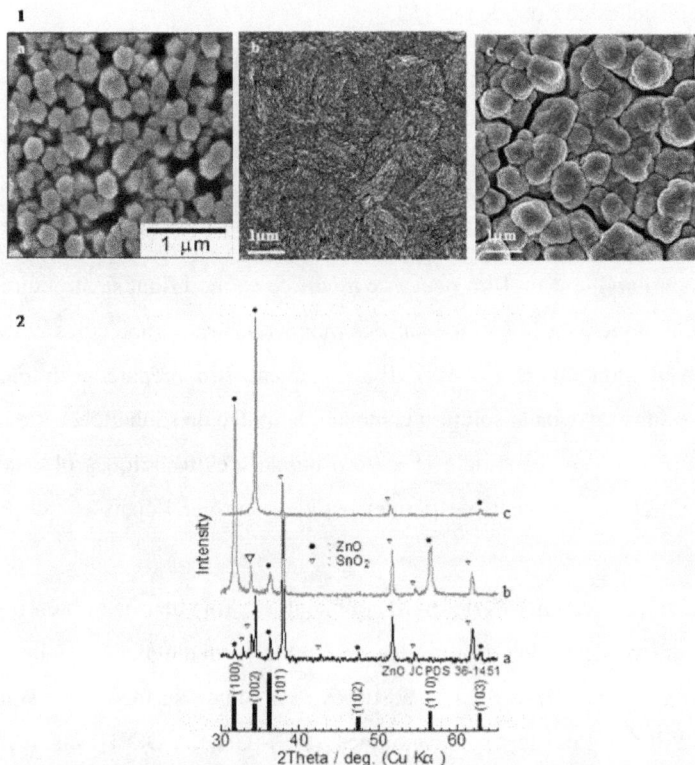

Figure 9 : (1) Photographies M.E.B. de films électrodéposés de ZnO pur (a), ZnO/Coumarine 343 (b) et ZnO/EY (c), (2) Diagrammes de diffraction des rayons X des films ci-dessus [120].

Des films électrodéposés mésoporeux préparés à partir d'éosine ont montré l'efficacité de ces films vis-à-vis de la photodégradation de polluants organiques comme le bleu de méthylène ou le rouge de Congo utilisés par Pauporté et al. comme composés modèles [122]. Sous une illumination UV, des trous sont photogénérés dans l'échantillon, ils oxydent l'eau et génèrent des radicaux hydroxydes OH$^\bullet$.

Ainsi, l'incorporation de molécules organiques dans la matrice oxyde inorganique conduit à des films dont les propriétés physico-chimiques sont différentes de celles de l'oxyde pur [123].

II-6. Modification de la mouillabilité de différents substrats par auto-assemblage de molécules organiques

II-6-1. Généralités sur les monocouches auto-assemblées ou SAMs (Self Assembled Monolayers)

La mouillabilité d'un film peut être modifiée en modifiant sa structure et/ou en modifiant chimiquement la surface par des monocouches de molécules adsorbées ou self-assembled monolayers (SAMs). Elles peuvent être préparées simplement en plongeant le substrat dans la solution contenant la molécule souhaitée, cette technique d'auto-assemblage est très simple et évite d'utiliser des techniques plus complexes comme la CVD qui, souvent, ne permet pas de contrôler l'épaisseur de la couche formée.

Il existe peu de variétés de SAMs qui sont à la fois denses et bien organisées. Actuellement, trois grandes de familles de SAMs se distinguent. (1) les siloxanes alcoyles (ex. $CH_3\text{-}(CH_2)_n\text{-}SiCl_3$) adsorbés sur une surface de silice SiO_2 [124,125,126]. (2) Les acides alcanoïques ($CH_3\text{-}(CH_2)_n\text{-}COOH$) sur les surfaces d'oxydes d'aluminium et d'argent [127] et enfin les alkylsulfures ($CH_3\text{-}(CH_2)_n\text{-}SH$) et les alkyldisulfures ($CH_3\text{-}(CH_2)_n\text{-}S\text{-}S\text{-}(CH_2)_m\text{-}CH_3$) sur certains métaux nobles et semi-conducteurs [128,129,130].

Cette étude bibliographique présente l'état de l'art quand à ce type d'assemblage, le but n'étant pas de faire une revue exhaustive de la littérature sur les monocouches des chaînes auto-assemblées. Mais il est fort intéressant de faire le point sur les travaux réalisés jusqu'à présent dans ce domaine.

II-6-2. Mécanismes de formation des SAMs

La formation des monocouches dépend de nombreux paramètres souvent mal définis. Le greffage d'organo-silanes a été largement étudié mais sa mise en œuvre de façon reproductible est délicate et nécessite des conditions opératoires bien contrôlées. Dans la littérature, beaucoup de travaux portent sur les aspects suivants de la silanisation : temps de silanisation, rôle de la température, de la présence d'eau, de la nature de la chaîne carbonée des molécules greffées et de la cinétique. Tous ces aspects correspondent à autant de paramètres qu'il est indispensable d'optimiser pour obtenir des films auto-organisés de façon reproductible.

II-6-2-1. Le temps de silanisation

Pour un composé donné déposé sur une surface donnée, on peut trouver dans la littérature plusieurs estimations du temps de silanisation. Silberzan et al. [131] ont montré qu'un film d'octadécyltrichlorosilane (OTS) se forme sur une surface de silicium après 3 minutes de silanisation alors que Wasserman et al. [132] suggèrent 24 heures et Banga et al. [133] 90 minutes. Cette différence de temps de contact peut induire des changements au niveau de la structuration du film greffé. Des différences dans les résultats publiés existent aussi pour d'autres alkylsilanes tel l'aminopropylsilane (AMP).

II-6-2-2. Influence de la longueur de la chaîne

Les interactions hydrophobes des groupements CH_2 permettent de renforcer les propriétés d'auto-organisation des composés. Beaucoup de travaux ont montré qu'un nombre de carbone suffisamment élevé engendre dans la plupart des cas des SAMs bien ordonnés et orientés quasi perpendiculaires à la surface.

Bierbaum et al. [134] ont comparé le greffage de plusieurs molécules de longueurs de chaînes différentes sur un wafer de silicium oxydé. Ils concluent que seul l'octadécyltrichlorosilane (OTS, $CH_3(CH_2)_{18}\text{-}SiCl_3$) conduit à des couches ordonnées, sa chaîne hydrocarbonée ayant une longueur optimale pour que les groupements alkyle soient orientés quasi-perpendiculairement à la surface. Par contre, le n-triacontyltrichlorosilane (TCTS, $CH_3(CH_2)_{29}$-$SiCl_3$) dont la chaîne hydrocarbonée est plus longue conduit à la formation d'un film désordonné. Les mécanismes de formation des monocouches ne sont donc pas les mêmes pour l'OTS ou le TCTS, ce qui expliquerait les différences observées au niveau des cinétiques.

De même, Duchet et al. [135] ont analysé le greffage de monochlorosilanes $CH_3(CH_2)_n$-$Si(CH_3)_2Cl$ avec n = 3,7,17 et 29, sur des wafers de silicium en utilisant l'ellipsométrie, l'AFM et les mesures d'angle de contact sur des particules de silice [136]. Ils ont montré que le silane en C_{17} forme un film ordonné et de structure proche de l'état cristallin dans lequel les chaînes sont alignées. Quand la longueur des chaînes diminue, les couches deviennent plus désordonnées et dans un état proche de l'état liquide. Les auteurs expliquent cette variation de l'organisation par la diminution des interactions de Van der Waals entre les chaînes hydrocarbonées. Celles-ci sont plus mobiles et donc la répartition à la surface est plus aléatoire. Il en est de même pour des longueurs supérieures à 18 carbones, par exemple, les molécules en C_{29} s'entremêlent pour former un réseau fixé en surface par des interactions très fortes entre les chaînes.

II-6-2-3. La température

La température est un paramètre crucial qui doit être contrôlé au cours de la réaction de greffage. Son effet a été très étudié ces dernières années.

Silberzan et al. [137] ont montré qu'en diminuant la température de la réaction de 35°C à 18°C, la qualité de la couche formée à partir de l'OTS augmente régulièrement.

Rondelez et al. [138] et plus récemment Rye [139] et Kato [140] ont montré l'existence d'une température critique T_c qui contrôle la qualité des films pour différents alkyltrichlorosilanes. Pour une température inférieure à T_c, les molécules sont organisées et quasi-perpendiculaires à la surface. Selon leur modèle et dans le cas de l'OTS, la température critique pour obtenir des monocouches reproductibles et denses est de 25°C. Parikh et al. [141] confirment cette valeur en trouvant 28 ± 5°C.

Ainsi, pour des températures élevées, la réaction en solution est favorisée ; alors que pour des températures basses, les réactions de surface, en compétition avec les réactions de polymérisation en solution sont quant à elles favorisées.

II-6-2-4. L'eau et les solvants

La quantité d'eau est un paramètre clé pour former des SAMs, sa présence à la surface est nécessaire pour activer la réaction, mais trop d'eau dans le solvant favorise la condensation des molécules entre elles au détriment de la formation d'une couche sur le substrat.

Gun et Sagiv [142] ont été parmi les premiers à montrer que la densité du greffage de l'OTS sur des substrats silicés est fonction du solvant utilisé. Celle-ci est plus grande dans le toluène que dans l'hexadécane ce qui peut s'expliquer par la rétention du solvant dans les monocouches lors de leur formation.

Plus récemment Duchet et al. [135] ont montré que le toluène entre en compétition avec les molécules organo-silicées pour s'adsorber sur la surface, empêchant ainsi les silanols de réagir. En le remplaçant par le tétrachlorure de carbone, ils obtiennent des films de qualité comparable à ceux obtenus par McGovern [143]. Cette étude montre l'importance de la polarité du solvant ainsi que sa structure dans le processus de greffage.

II-6-2-5. Fonctionnalisation des SAMs

Effenberger et al. [144] ont réussi à greffer sur des surfaces de silice différents silanes dont la structure chimique est donnée sur la figure 10. Ces silanes possèdent une fonction chimique adéquate de l'autre côté de la chaîne carbonée.

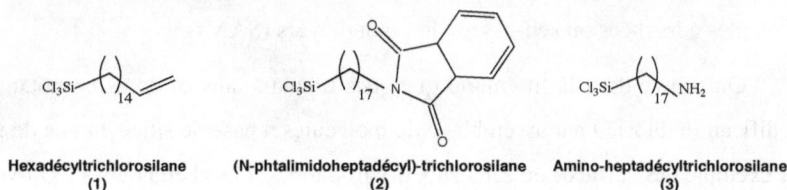

Hexadécyltrichlorosilane	(N-phtalimidoheptadécyl)-trichlorosilane	Amino-heptadécyltrichlorosilane
(1)	(2)	(3)

Figure 10 : Structures chimiques des trois molécules utilisées pour former des monocouches sur la surface de silice [144].

Dans ce cas, la fonction ne doit pas interférer avec les groupements hydrolysables et ne doit pas réagir avec les silanols de surface. De plus, la taille et l'orientation de la fonction chimique incorporée ne doivent pas perturber l'arrangement moléculaire. Ceci aurait pour effet de diminuer l'organisation de la couche.

Les composés (1) et (3) montrent une différence dans la qualité des monocouches formées. Le composé (1) forme des monocouches très ordonnées avec un taux de recouvrement élevé, de l'ordre de 97%. Pour les surfaces greffées avec le composé (2), les analyses montrent que le film est bien organisé mais pas bien orienté. Ceci est principalement dû à l'encombrement stérique du groupement phtalimide. Avec un mélange (1+2), une amélioration du taux de recouvrement et de l'organisation de la couche est constatée lorsque (2) est présent à faible concentration. Du fait des interactions acide-base entre la fonction amine et les groupes silanols, le greffage du (3) aboutit à la formation d'un film désorganisé. En effet, les molécules peuvent s'assembler tête bêche et créer ainsi des défauts dans la couche. Cependant une deuxième voie peut être aussi employée pour greffer des molécules, elle consiste à modifier chimiquement la partie terminale de la chaîne greffée en introduisant différents groupes fonctionnels tels que des alcools [145], des acides carboxyliques [146,147], des phosphates [148] ou des amines [149].

II-6-3. Modification de la mouillabilité des films de ZnO: Etude de l'orientation des molécules silicées sur ces films

La mouillabilité de ZnO peut être modifiée en modifiant la structure du film et/ou en modifiant chimiquement la surface du ZnO par des monocouches de molécules adsorbées ou self-assembled monolayers (SAMs).

On trouve dans la littérature quelques travaux dans ce domaine notamment la modification du ZnO par assemblage de molécules à base de silice en vue de préparer par exemple des surfaces de ZnO superhydrophobes. Les chercheurs à l'Université de Vienne (Autriche) ont utilisé le programme Materials Studio® pour étudier et simuler l'adsorption des molécules de silane à la surface d'oxyde de zinc [150,151,152,153].

Le comportement des molécules adsorbées sur des surfaces d'oxydes et en particulier les silanes a été largement étudié en utilisant les techniques de simulations numériques. Ces études ont été à l'origine de nombreuses applications industrielles dans différents secteurs tels que celui de la peinture, des adhésifs, et surtout au niveau de l'inhibition de la corrosion sur des surfaces de ZnO.

Kornherr et son équipe ont utilisé des cellules de simulation ou "MS Modeling's amorphous cell" pour montrer l'influence de la polarité de la chaîne et de la présence de solvant sur la configuration des molécules sur cette surface.

Le comportement de trois molécules (l'octyltrihydroxysilane, l'aminopropyltrihydroxysilane et le thiolpropyltrihydroxysilane) a été étudié et cela en utilisant des simulations de dynamique moléculaire et le COMPASS. Ce dernier est un champ de force qui permet de simuler les différentes conformations et structures d'un certain nombre de molécules adsorbées sur plus de 45 matériaux à base d'oxyde. Les silanes ont été examinés en fonction du degré de polarité de la chaîne. Ce critère servira à mieux comprendre le rôle de la chaîne sur la configuration qu'adopte la molécule sur la surface. Les simulations ont été réalisées avec un intervalle de temps de 1 nanoseconde en utilisant approximativement dix configurations différentes de départ. Les résultats ont montré que ces systèmes à l'équilibre présentent deux types de configurations. La position **a** où seule la tête des silanes s'adsorbe sur la surface et la configuration **b** où la tête et la chaîne sont en même temps en contact avec la surface. Il existe une forte corrélation entre la polarité de la chaîne et la configuration dominante adoptée par la molécule sur la surface de ZnO. Le groupement aminopropyle étant très polaire, il préfèrera la configuration **b**, alors que le groupement octyle, non polaire, induira la configuration **a**. Le groupement thiol montre une préférence pour la configuration **b**. Il est important de noter que ce comportement n'est observable qu'en présence d'un solvant. Ainsi, la configuration **b** est prépondérante pour tous les silanes. Les énergies d'adsorption montrent que plus la molécule est polaire plus l'énergie d'adsorption de cette dernière est forte sur le ZnO : amino>thiol>octyle. Enfin, ce travail montre que les simulations numériques ne sont pas seulement un outil utilisé afin de tester différentes molécules mais un moyen de mieux comprendre le comportement de différents systèmes en fonction de leurs caractéristiques. Cela permet de réduire le nombre d'expériences effectuées et de choisir celles aboutissant à des résultats efficaces.

Une deuxième équipe en Australie menée par Watts [154,155,156] a étudié l'orientation et l'adsorption de la molécule d'aminopropyltriéthoxysilane (APTES) par XPS (spectroscopie de photoélectrons ou X-ray photoelectron spectroscopy) et NEXAFS (spectroscopie d'absorption X ou near edge X-ray absorption fine structure) sur le ZnO. Watts et al. ont montré par XPS que la molécule d'APTES avait deux configurations possibles sur une surface de ZnO. L'adsorption et l'orientation de cette molécule dépendent du point isoélectrique du ZnO ainsi que du pH de la solution. En se plaçant à des pH inférieurs et supérieurs au point isoélectrique du substrat, ils observent que le recouvrement de la surface par cette molécule varie en fonction du temps. Des oscillations au niveau de la qualité du recouvrement ont été observées pour deux valeurs de pH (6,4 et 10,4). Ils montrent que la formation de multicouches sur une surface de ZnO est impossible. La molécule d'APTES étant formée d'un groupement silane et d'une fonction amine NH_2 séparés par une chaîne propyle, elle peut s'adsorber par l'intermédiaire des groupements silanols et/ou du groupement amine (figure 11) pour un temps égal à 30 s. A un pH de 10,4, la molécule s'oriente en exposant les groupes silanols en surface, (figure 11a). La chaîne propyle (côté apolaire) interagit avec la surface d'oxyde par l'intermédiaire du groupement amine. Le film de molécules est bien aligné et quasi-perpendiculaire à la surface.

Par contre, à pH égal à 6,4 (figure 11c), la molécule expose le groupe amine à l'interface, la tête polaire NH_2 met en jeu les liaisons ions-dipôles. Les résultats de NEXAFS montrent que la chaîne n'est pas perpendiculaire au substrat. Ceci est essentiellement lié à un faible recouvrement de la surface dû à l'espace occupé par la chaîne propyle lors de son adsorption. L'azote ou les hydrogènes ainsi que la chaîne apolaire peuvent se fixer à la surface en même temps à pH 8-9 pour stabiliser la configuration de la molécule sous une forme parallèle à la surface (figure 11b).

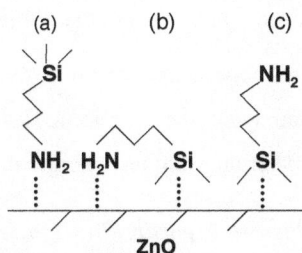

Figure 11 : Modèle d'adsorption possible du γ-APTES : a) par la fonction NH$_2$ (pH=10,4), b) par la fonction amine et silanol (pH= 8-9), c) par la fonction silanol (pH=6-7).

Parallèlement, Watts et al. étudient la cinétique d'adsorption de l'APTES sur le ZnO. Les résultats d'XPS et de NEXAFS montrent que pour un temps d'adsorption égal à 40 s et dans toute la gamme de pH, la molécule de silane s'oriente suivant toutes les configurations possibles. Ceci est une des conséquences d'un mauvais recouvrement causant un espacement entre les molécules qui sont libres de s'organiser sans être retenues par des liaisons covalentes avec les molécules voisines. Ce comportement a été également observé pour d'autres substrats.

Bierbaum et al. [134] ont caractérisé par deux méthodes NEXAFS et XPS l'ordre et l'orientation de différents organosilanes, ils concluent que l'APTMS (aminopropyltriméthoxysilane) ne s'oriente pas de manière définie sur la surface de silicium. Largement utilisées, les couches d'APTES et d'APTMS présentent une certaine hétérogénéité qui a été mise en évidence par des mesures en AFM. Elle est consécutive à un mauvais auto-assemblage des molécules sur des surfaces d'aluminium [157] et du fer [158].

A partir de ces SAMs, des surfaces superhydrophobes avec des angles de contact supérieurs à 160° peuvent être préparées. Ces surfaces dont le principe sera détaillé dans le chapitre V sont fabriquées selon deux processus qui seront détaillés dans le paragraphe suivant.

II-7. Comment fabriquer une surface superhydrophobe ?

Une surface superhydrophobe peut être préparée soit en créant une surface rugueuse à partir d'un matériau ayant une énergie de surface faible soit en modifiant une surface rugueuse par un matériau ayant une énergie de surface faible.

II-7-1. Surface rugueuse obtenue à partir d'un matériau ayant une énergie de surface faible

II-7-1-1. Les composés perfluorés

Les polymères fluorés sont largement utilisés pour leur faible énergie de surface. Shiu et al. [159] ont obtenu des films superhydrophobes en rendant rugueux des films de tétrafluoroethylène (Teflon®). Puis, d'autres matériaux dont on peut modifier la rugosité ont été envisagés. Yabu et Shimomura [160] ont préparé une membrane superhydrophobe en formant un bloc de polymère fluoré sous un environnement humide.

II-7-1-2. Le silicium

Les composés perfluorés ne sont pas les seuls composés utilisés pour élaborer des surfaces hydrophobes. Ainsi, le polydiméthylsiloxane (PDMS) est aussi connu pour sa faible énergie de surface. Il est de plus hydrophobe et permet d'obtenir des surfaces superhydrophobes à partir de différentes méthodes. Khorasani et al. [161] ont traité le PDMS en utilisant le CO_2-laser comme source d'excitation. Les angles de contact obtenus atteignent 175° dû à la porosité et l'ordre de la chaîne formée à la surface du PDMS. Sun et al. [162] étaient les premiers à préparer un « *template* » de PDMS chargé négativement, ils rapportent une méthode de moulage pour fabriquer du PDMS superhydrophobe. Ils obtiennent une structure de surface et une superhydrophobicité comparable à celles de la feuille de lotus. Ce résultat est surprenant si l'on compare la nature chimique et les valeurs des énergies de surface des constituants de la feuille de lotus et du PDMS. En effet, la surface de la feuille de lotus principalement constituée de cire (-CH$_2$) possède une énergie de surface de l'ordre de 30-32 mN m^{-1} alors que le PDMS (-CH$_3$) a une énergie de surface de 20 mN m^{-1}. On peut citer également à ce propos les travaux de Guo et al. [163] et Zhao et al. [164].

II-7-1-3. Matériaux organiques

Récemment, des surfaces superhydrophobes ont pu être obtenues à partir de matériaux organiques. Lu et al. [165] ont contrôlé la cristallisation d'une surface poreuse de polystyrène et ont rapporté une méthode simple et peu onéreuse pour fabriquer des surfaces superhydrophobes.

Les dimères d'alkylkétène ont aussi été utilisés pour obtenir des surfaces superhydrophobes [166]. Onda et al. [167,168] furent les premiers à présenter différentes méthodes expérimentales pour préparer des surfaces artificielles superhydrophobes. L'observation de ces surfaces superhydrophobes au microscope électronique révèle un relief extrêmement ciselé (figure 12).

Figure 12: Surface superhydrophobe organique. Cliché tiré de Onda et al. (1996) [167]

D'autres matériaux organiques peuvent également être utilisés, on peut citer à titre d'exemple le polyamide [169] et le polycarbonate [170], le polybenzoxazine [171], le polyacrilonitrile [172,173], le polyvinyl alcool [173], et le polymétacrylate [174].

II-7-1-4. Matériaux inorganiques

Des surfaces superhydrophobes ont été préparées à partir de matériaux inorganiques comme le ZnO, le TiO_2 [175,176] et le SnO_2 [177]. La figure 13 montre une image de nanocolonnes de ZnO préparées par Feng et al. [178] par la méthode sol-gel. La rugosité de ces colonnes et la faible énergie de surface du plan (001) confirmée par diffraction des rayons X sont à l'origine de ce caractère superhydrophobe. Par simple illumination ultraviolette, ces films superhydrophobes ($\theta = 160°$) deviennent superhydrophiles ($\theta = 0°$). Ces films retrouvent leurs caractères superhydrophobes une fois stockés à l'abri de la lumière. Des comportements similaires de surfaces de TiO_2 superhydrophobes ont été également décrits par les mêmes auteurs.

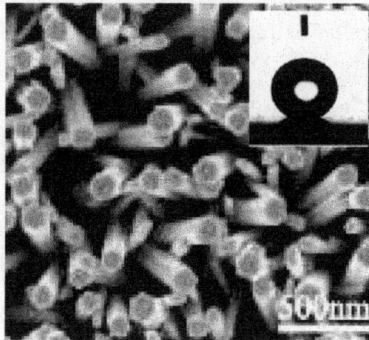

Figure 13: Photographies MEB de nanocolonnes de ZnO superhydrophobes [178].

Hiu et al. [179] ont utilisé la CVD pour former des films de ZnO superhydrophobes sur du saphir en utilisant l'or comme catalyseur dans cette synthèse. Le film obtenu est formé de micro et nanostructures. La structure hiérarchique et l'échelle à double rugosité sont à l'origine de cette hydrophobicité (θ=164,3°) (Figure 14).

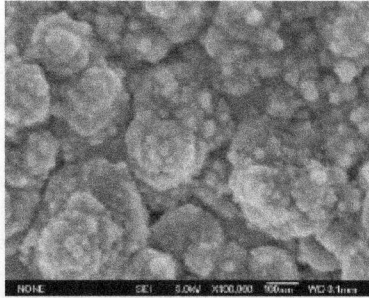

Figure 14 : Photographie MEB montrant la structure hiérarchique de films de ZnO déposé par CVD sur un substrat en saphir [179].

Huang et al. [180] ont aussi utilisé la CVD pour fabriquer des nanotubes de carbone (CNT) déposés sur un substrat de silicium couvert d'une couche de catalyseur Fe-N. L'ensemble est couvert par un film de ZnO. Les mesures de mouillabilité montrent que le film obtenu est superhydrophobe avec un angle de contact de l'eau proche de 159° (figure 15).

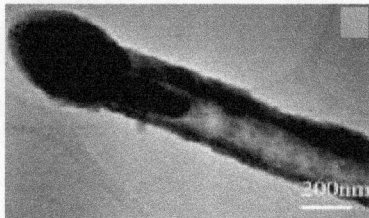

Figure 15 : Images TEM d'une fibre de CNT-couverte de ZnO [180].

Une autre méthode publiée par Yang et al. [181] connue sous le nom de transport thermique en phase vapeur ou thermal chemical vapor transport est à l'origine de la formation de nanotiges de ZnO à caractère superhydrophobe. Ces tiges, ressemblant à une toile d'araignée, sont déposées sur des films de carbones amorphes (figure 16). La superhydrophobicité ($\theta = 151°$) est principalement due à la double rugosité de ces tiges.

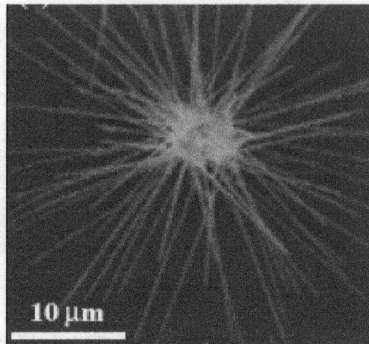

Figure 16 : Nanotiges de ZnO formant une toile déposés sur un film de carbone amorphe [181].

Des superstructures de ZnO ont aussi été synthétisées en solution en présence de sel de Zn(II) et de l'hexaméthylène tétramine (HMT) sur un substrat de verre à 95 °C [182]. La figure 17 montre que la structure de ZnO obtenue est différente selon le temps de réaction. Des angles de contact allant de 0 à 165° ont été mesurées selon le type de superstructure élaborée.

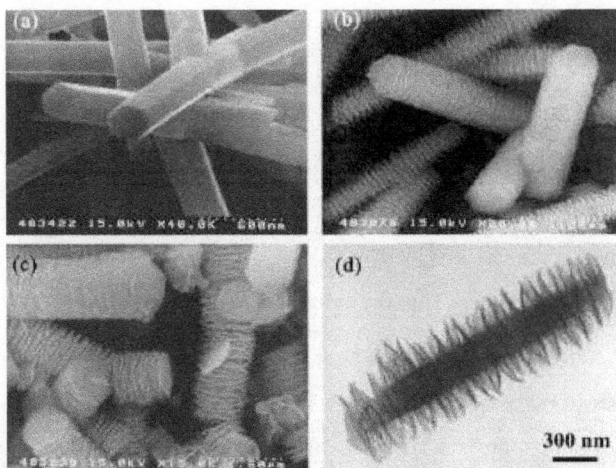

Figure 17 : Photographies MEB de différentes superstructures de ZnO préparées en présence de HMT à 95 °C sur un substrat de verre durant a) 3 h (θ = 165°), b) 76 h (θ = 0°), c) 171h (θ = 0°), d) Image TEM d'une superstructure préparée pendant 76 h. [182].

D'autres travaux, cités dans la littérature, utilisent différentes techniques pour préparer ces surfaces [183]. La rugosité ne suffit pas à rendre une surface superhydrophobe. Il faut également que le matériau dont est constituée la surface soit hydrophobe, c'est-à-dire que l'angle de contact de l'eau sur une surface lisse de ce même matériau soit supérieur à 90° (modèle de Wenzel). C'est à cette condition que la surface possèdera les propriétés remarquables précédemment évoquées.

II-7-2. *Modification d'une surface rugueuse avec des composés de faible énergie de surface*

Les méthodes évoquées dans le précédent paragraphe sont des méthodes simples réalisables en une seule étape. Mais, elles sont limitées à quelques matériaux. C'est pour cette raison, qu'une autre méthode prometteuse est actuellement développée pour fabriquer des surfaces superhydrophobes. Elle est réalisée en deux étapes :

1.   La première consiste à rendre la surface rugueuse par différentes méthodes comme la gravure, la lithographie, plasma/gravure chimique, le processus sol-gel, l'assemblage colloïdal, la réaction chimique ou électrochimique, l'électrospinning et la CVD…

2.   La deuxième étape consiste à auto-assembler différentes molécules possédant une terminaison spécifique qui se lient au substrat rugueux et s'ordonnent, conférant ainsi le caractère superhydrophobe à la surface étudiée.

Il existe plusieurs méthodes pour modifier chimiquement la surface. Citons par exemple, les liaisons covalentes entre l'or et les chaînes thiols, les silanes qui sont souvent utilisés pour modifier la mouillabilité des surfaces comme on vient d'expliquer dans ce chapitre, les acides carboxyliques sur des surfaces d'aluminium, ZnO ou autre.

Dans le paragraphe suivant, nous allons détailler ces méthodes en citant les travaux les plus récents et les plus intéressants dans le domaine de la superhydrophobicité.

II-7-2-1. Gravure et lithographie

La gravure par eau-forte ou etching (HNO_3) est une méthode simple et rapide pour former des surfaces rugueuses. Cependant, différentes méthodes de gravure peuvent être employées comme par exemple : la gravure par plasma [184], la gravure laser [185], et la gravure chimique [186,187].

Qien et al. [186] ont décrit une méthode simple pour graver chimiquement leurs surfaces d'aluminium, ces surfaces sont traitées avec un fluoroalkylsilane pour les rendre superhydrophobes.

La lithographie comme par exemple la photolithographie [188,189], la lithographie à faisceau d'électrons ou electron beam, la lithographie à Rayons X, la lithographie SOFT etc. est souvent employée pour fabriquer des surfaces structurées [190]. Martines et al. [191] ont utilisé la lithographie et la gravure pour fabriquer des nanopiliers de silicium (figure 18). Une fois traitées par l'octadécyltrichlorosilane, la surface devient superhydrophobe ($\theta = 164°$). Les auteurs étudient l'hydrophobicité, l'hydrophilicité ainsi que les mesures d'angles d'inclinaison de différentes gouttes d'eau déposées sur les nano aspérités de dimensions contrôlées.

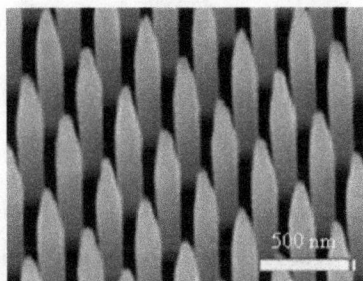

Figure 18 : Photographies MEB des nanopiliers de silicium obtenus par Martines et al. [191].

II-7-2-2. Processus sol-gel

Shirtcliffe et al. [192] ont fabriqué des mousses poreuses par la méthode sol-gel en présence de deux molécules : la phényltriethoxysilane et la tétraethoxysilane. Les surfaces obtenues sont superhydrophobes mais deviennent superhydrophiles lorsqu'elles sont exposées à des changements de température. Le processus est réversible.

Wu et al. [193] ont fabriqué des nanostructures de ZnO selon une méthode de synthèse en solution (Figure 19). Des surfaces superhydrophobes sont préparées par adsorption sur le ZnO d'acides carboxyliques de longueurs de chaîne allant de C8 à C18. Un angle de contact de 152° est obtenu avec l'acide en C18. Tandanaga et al. [194] ont aussi fabriqué des surfaces superhydrophobes par une méthode similaire.

Figure 19 : Nanocolonnes de ZnO préparées par Wu et al. [193].

II-7-2-3. Assemblage colloïdal et polyélectrolytique

Cette méthode permet de contrôler l'épaisseur du film par l'intermédiaire des interactions électrostatiques et des liaisons hydrogènes. Zhai et al. [195] ont employé cette méthode pour préparer des couches de polymère qui répondent au pH. Ces surfaces sont ensuite plongées dans une solution de silice chargée négativement et enfin modifiées par un composé fluoroalkylsilane en utilisant la méthode CVD. Les structures obtenues sont hiérarchiques et rugueuses. D'autres auteurs ont eu l'idée de combiner cette méthode à l'électrodépôt comme cela est détaillé dans l'article de Zhang et al. [196].

II-7-2-4. Réaction électrochimique et électrodépôt

L'électrochimie est un outil efficace pour préparer des surfaces superhydrophobes. Shirtcliff et al. [197] ont préparé des surfaces de cuivre à double rugosité par électrochimie. Ils montrent que même avec une faible rugosité, l'angle de contact peut atteindre des valeurs très élevées.

Zhang et al. [198] ont fabriqué des nanocolonnes de ZnO par électrodépôt cathodique (figure 20), qui ont été ensuite modifiées par une molécule de fluoroalkylsilane. L'angle de contact obtenu sur ces surfaces nanostructurées modifiées est égal à 167°.

Figure 20 : Nanocolonnes de ZnO électrodéposé modifiées par des molécules de fluoroalkylsilane, photo tiré de [198].

Li et al. [199] ont fabriqué des films de ZnO nanostructurés par une méthode identique à celle citée ci-dessus. Ils utilisent l'heptadécafluorodécyltriméthoxysilane $(CF_3(CF_2)_7CH_2CH_2Si(OCH_3)_3)$ pour modifier la mouillabilité de ces films et obtiennent un angle de contact égal à 152°.

II-7-2-5. Electrospinning

L'*electrospinning* semble être une méthode relativement efficace pour fabriquer des fibres ultrafines et rugueuses conduisant à des surfaces superhydrophobes en une seule étape [200,201]. Zhu et al. [202] ont utilisé l'*electrospinning* pour fabriquer des films composites de polyaniline et polystyrène. Ces films sont stables même dans des environnements corrosifs.

Il existe différentes méthodes et techniques pour préparer des surfaces superhydrophobes [203]. Dans le paragraphe suivant, nous montrons comment l'assemblage de molécules acides permet d'aboutir à ce type de surface.

II-8. Adsorption de différents acides carboxyliques sur différents substrats ou métaux

L'étude de l'adsorption des acides alcanoïques a débuté en 1985 avec Allara et Nuzzo [204]. Ils ont étudié l'assemblage de différents acides sur différents substrats inorganiques comme l'oxyde d'aluminium et concluent que la cinétique d'adsorption des acides dépend essentiellement de la longueur des chaînes et que la moindre impureté adsorbée sur le substrat peut jouer sur la qualité de l'assemblage et l'organisation de ces acides. Quelques travaux dans la littérature portent sur la fabrication de surfaces superhydrophobes à partir d'acides carboxyliques. Ainsi, Wang et al. [205,206] ont obtenu des surfaces superhydrophobes ($\theta = 162°$) en traitant différents alliages de métaux (Cu/Zn, Fe/Ni) dans une solution d'acide n-tétradécanoïque.

Karsi et al. [207] ont aussi modifié des films à base d'oxyde d'indium et d'étain (ITO) avec des acides gras. Ils caractérisent leurs surfaces modifiées par XPS, IRRAS et les mesures de mouillabilité. Un angle de 111° est obtenu dans le cas de l'acide eicosanoïque.

Tao et al. [208] ont largement étudié la formation de SAMs de n-acide alcanoïque sur des surfaces d'oxydes à base d'argent, de cuivre et d'aluminium. La structure des couches formées a été caractérisée par ellipsométrie, angles de contact et infra rouge. Les résultats ont montré que l'adsorption du film dépendait de la nature du substrat et de la longueur de la chaîne. Pertays et al. [209] ont étudié l'adsorption de l'acide stéarique sur une surface d'aluminium par mesures d'angles de contact et PM-IRRAS (spectroscopie infra rouge de réflexion absorption par modulation de polarisation ou infra-red reflection absorption spectroscopy). L'adsorption de cet acide dépend de l'état natif de la surface d'aluminium, plus cette dernière est exposée à l'air, plus on observe une formation de groupements hydroxyles qui augmentent la densité d'adsorption de l'acide.

Une étude récente [210] concernant la stabilité et le mode d'adsorption de l'acide stéarique sur des surfaces d'oxyde d'aluminium plan (saphir) et amorphe (alumine) a été publiée. L'acide stéarique s'adsorbe en mode bidentate sur les surfaces de saphir en engageant à la fois les deux oxygènes de la liaison carboxylate alors que sur les surfaces d'alumine, un mode d'adsorption bidentate et unidentate est mis en évidence par les deux méthodes spectroscopiques : XPS et IR. Les mesures d'angles de contact montrent que les SAMs formés sur les surfaces de saphir ne sont pas stables dans l'eau et se désorbent continuellement. Raman et al. [211] étudient la formation de SAMs d'acides alcanoïques sur des surfaces d'aciers inoxydables ou

Stainless Steel. Ils concluent que tous ces acides forment une liaison bidendate avec la surface. Les mesures d'angles de contact et d'IR montrent que la tête hydrophile OH de l'acide 16-hydroxyhexadécanoïque et NH$_2$ du 12-aminododécanoïque ne s'adsorbe pas sur le métal, ces groupements fonctionnels non-engagés sont capables de former des liaisons avec d'autres molécules organiques ou biomolécules.

Les assemblages de molécules organiques ne sont pas les seules à intéresser les chercheurs, l'assemblage de molécules organiques fonctionnalisées avec des groupements redox est aussi important surtout pour ses nombreuses applications dans le domaine de l'électronique et la préparation des capteurs. Dans le paragraphe suivant, nous allons résumer les différents travaux dans le domaine d'assemblage de molécules redox essentiellement à base de ferrocène. La majorité des travaux consacrés à la modification d'électrodes utilisent des surfaces d'or, de platine, d'oxyde de titane, d'étain, de carbone vitreux et de silicium mais il n'existe pas dans la littérature jusqu'à ce jour des assemblages redox sur des surfaces de ZnO.

II-9. Monocouches auto-assemblées de ferrocène sur différents substrats

Beaucoup de travaux rapportent la synthèse de plusieurs dérivés de ferrocène silane pour fabriquer des capteurs chimiques parmi lesquels on peut citer les travaux de Tang et al. [212] et Wang et al. [213]. Ces matériaux hybrides sont formés par la méthode sol-gel et caractérisés par électrochimie. Les films préparés sont stables et homogènes.

Finklea et al. [214] ont formé une monocouche d'organosilanes fonctionnalisés par un groupement redox (le ferrocène) sur une surface de platine. Casado et al. [215] ont adsorbé un dérivé de ferrocène par l'intermédiaire d'une liaison siloxane sur des surfaces de platine. Le caractère redox des films a été étudié par voltampérométrie cyclique. Ces électrodes modifiées jouent le rôle de capteur de glucose comme rapporté aussi dans le travail de Badia et al. [216].

L'auto-assemblage sur des électrodes ITO (Indium Tin Oxide) est restreint puisque leur réalisation nécessite un traitement chimique lourd pour nettoyer et activer la surface [217]. Mais ces électrodes présentent plusieurs avantages, et entre autres, elles sont transparentes dans le domaine UV-Visible, ce qui permet de réaliser des mesures électrochimiques mais aussi spectroscopiques. Armstrong et al. [218] ont étudié la modification chimique de ces surfaces par assemblage de molécules d'acide ferrocényldialcanoïque. L'assemblage est étudié par électrochimie. Ils montrent l'effet du traitement sur les performances électriques de ce matériau.

Quant aux thiols, il est connu que les composés soufrés ont une forte affinité avec les métaux de transition, comme l'or [219]. L'or est le substrat le plus utilisé pour fabriquer des monocouches auto-assemblées. C'est un métal inerte facilement modifiable par des monocouches de thiols car il peut former aisément des liaisons covalentes avec les atomes de soufre. De plus, ce type de SAM est stable pour des périodes allant de quelques jours à plusieurs semaines [220]. L'auto-assemblage sur des surfaces d'or suscite un grand intérêt à cause de leurs propriétés particulières grâce aux multiples possibilités de fonctionnalisation chimique des groupements terminaux.

Dans la littérature, on trouve de nombreux travaux sur la fonctionnalisation de surfaces d'or avec des dérivés de ferrocène [221]. Par exemple, des nanotubes d'acide ferrocène carboxylique ont été fixés sur des SAMs formés de molécules de β-cyclodextrine sur l'or [222]. L'attachement et le détachement de molécules de ferrocène ont été réalisés par électrochimie en changeant l'état rédox des nanotubes de ferrocène. Cette étude a de nombreuses applications dans le domaine de l'électronique.

Dans la littérature, on trouve souvent des SAMs ω-fonctionnalisés sur l'or type, 3-mercaptopropanesulfonate qui a fait l'objet de diverses études [223]. Ces SAMs confèrent à l'or différentes propriétés telle une bonne hydrophilie, une indépendance du pH et une charge négative.

Lee et al. [224] ont préparé des SAMs d'un ferrocénylalkylthiolate sur l'or. Ces SAMs ont été diluées avec des alkylthiolates chargées. Les auteurs montrent que pour une fraction en ferrocénylalkylthiolates $\chi_{Fc(surfacique)} \leq 0{,}1$, le pic d'oxydation et de réduction sont déplacés de 120 et 130 mV respectivement. Pour les fractions plus élevées, deux pics sont observés, ils sont attribués respectivement à des entités de ferrocène isolés et agrégés dans ces SAMs.

Brooksby et al. [225] ont préparé des SAMs de dérivés du ferrocène sur un substrat d'or. Ils rapportent un temps optimum de formation de SAMs égal à 150 minutes.

Kuo et al. [226] ont synthétisé des dérivés de ferrocène avec de multiples groupements amides qui jouaient le rôle de capteurs sélectifs. Ces dérivés sont capables de complexer sélectivement les ions phosphates parmi plusieurs anions comme les acétates, les iodures, les nitrates, les chlorates.

II-10. Conclusion

Dans ce chapitre, nous avons présenté les différents travaux autour du ZnO : synthèse et mouillabilité. Nous avons aussi montré comment on peut modifier la mouillabilité des films de ZnO par adsorption de molécules organiques. Cette étude bibliographique constitue non seulement un outil permettant de comprendre les différentes caractéristiques du matériau synthétisé, mais également elle nous est utile pour envisager la modification de la mouillabilité du ZnO par assemblage de molécules organiques. Ainsi, grâce à cette étude bibliographique, nous avons pu orienter nos choix lors des premières expériences vers des molécules très utilisées comme les alkylsilanes pour modifier la mouillabilité des films synthétisés. Dans la suite de ce mémoire, nous allons présenter nos différents travaux et nos résultats. Nous nous intéresserons dans le chapitre III, à la synthèse de différentes morphologies de ZnO par électrodépôt et aux mesures de mouillabilité obtenues sur ces films.

Références

---

[1] Design of solution-grown ZnO nanostructures. Chapter book in "Lecture Notes on Nanoscale Science and Technology" volume 7, "Towards Functional Nanostructures", Z.M. Wang (Ed.), springer books, à paraître en 2008.

D.P., Norton ; Y.W., Heo ; M.P., Ivill ; K., Ip ; S.J., Pearton ; M.F., Chisholm ; T., Steiner *Mater. Today* **2004**, *7*, 34.

[2] L., Vayssières ; K., Keis ; A., Hagfeldt ; S.E., Lindquist *Chem. Mater.* **2001**, *13*, 4395.

[3] W.J., Li ; E.W., Shi ; W.Z., Zhong ; Z.W., Yin *J. Crystal Growth* **1999**, *203*, 186.

[4] Özgür Ü ; Y.I. Alivov ; C. Liu ; A. Teke ; M.A. Reshchikov ; M.A. Dogan ; V. Avrutin ; S.J. Cho ; H. Morkoc *J. Appl. Phys* **2005**, *98*, 041301_1.

[5] J.P. Monsier ; S. Chakrabarti ; B. Doggett ; E. McGlynn ; M.O. Henry ; A. Meaney *Pro. SPIE.* **2007**, *6474*, 64740I.

[6] S.A.M. Lima ; F.A. Sigoli ; M. Jafelicci ; M.R. Davolos Int. *J. Inorg. Mater.* **2001**, *3*, 749.

[7] M.C., Markham ; K.J., Laidler *J. Phys. Chem.* **1953**, *57*, 363.

[8] T.R., Rubin ; J.G., Calvert ; G.T., Tankin ; W., MacNevin *J. Am. Chem. Soc.* **1953**, *75*, 2850.

[9] M.C., Markham ; M.C., Hannan ; S.W., Evans *J. Am. Chem. Soc.* **1954**, *76*, 820.

[10] P., Gao ; Z.L., Wang *J. Phys. Chem. B* **2002**, *106*, 12653.

[11] B. D., Yao ; Y. F., Chen ; N., Wang *Appl. Phys. Lett.* **2002**, *81*, 757.

[12] M. H., Huang ; S., Mao ; H., Freick ; H., Yan ; Y., Wu ; H., Kind ; E., Weber ; R., Russo ; P., Yang *Science* **2001**, *292*, 1897.

[13] M. H., Huang ; Y., Wu ; H.,Freick ; N., Tran ; E., Weber *Adv Mater* **2001**, *13*, 113.

[14] P., Yang ; H., Yan ; S., Mao ; R., Russo ; J., Johnsson ; R., Saykally ; N., Morris ; J., Pham ; R., He ; H.J., Choi *Adv. Funct. Mater.* **2002**, *12*, 323.

[15] Y. C., Kong ; D. P., Yu ; B., Zhang ; W., Feng ; S. Q., Feng *Appl. Phys. Lett.* **2001**, *78*, 407.

[16] Y. W., Wang ; L. D., Zhang ; W., Feng ; S. Q., Feng ; Z. Q., Chu ; C. H., Liang *J. Cryst. Growth* **2002**, *234*, 171.

[17] R.D., Vispute ; V., Talyanski ; Z., Trajanovic ; S., Choopun ; M., Downes ; R.P., Sharma ; T., Venkatesan ; M.C., Woods ; R.T., Lareau ; K.A., Jones ; A.A., Iliadis *Appl. Phys. Lett.* **1997**, *70*, 2735.

[18] S.H., Bae ; S.Y., Lee ; H.Y., Kim ; S., Im *Opt. Mater.* **2001**, *17*, 327.

[19] J. H., Choi ; H., Tabata ; T., Kawai *J. Cristal Growth* **2001**, *226*, 493.

[20] M., Zerdali ; S., Hamzaoui ; F. H., Teherani ; D., Rogers *Materials Letters* **2006**, *60*, 504.

[21] M., Liu ; X. Q., Wei ; Z. G., Zhang ; G., Sun ; C. S., Chen ; C. S., Xue ; H. Z., Zhuan ; B. Y., Man *Applied Surface Science* **2006**, *252*, 4321.

[22] Y.M., Lu ; W.S., Hwang ; W.Y., Liu ; J.S., Yang *Mater. Chem. Phys.* **2001**, *72*, 269.

[23] Y., Igasaki ; T., Naito ; K., Murakami ; W., Tomoda *Appl. Surf. Sci.* **2001**, *169-170*, 512.

[24] K., Kobayashi ; Y., Kondo ; Y., Tomita ; Y., Maeda ; S., Matsushima *Appl. Surf. Sci.* **2007**, *253*, 5035.

[25] E.B., Yousfi ; J., Fouache ; D. Lincot *Appl. Surf. Sci.* **2000**, *153*, 223.

[26] B., Canava ; J.F., Guillemoles ; E.B., Yousfi ; P., Cowache ; H., Kerber ; A., Loeffi ; H.W., Shock ; M., Powalla ; D., Hariskos ; D., Lincot *Thin Solid Films* **2000**, *361-362*, 187.

[27] E.B., Yousfi ; B., Weinberger ; F., Donsanti ; P., Cowache ; D., Lincot *Thin Solid Films* **2001**, *387*, 29.

[28] C., Xu ; G., Xu ; Y., Liu ; G., Wang *Solid State Commun.* **2002**, *122*, 175.

[29] L., Guo ; J. X., Cheng ; X. Y., Li ; Y. J., Yan ; S. H., Yang ; C. L., Yang ; J. N., Wang, *Mater. Sci. Eng. C* **2001**, *16*, 123.

[30] P. K., Shishodia ; H. J., Kim ; A., Wakahara ; A., Yoshida ; G., Shishodia ; R. M., Mehra *Journal of Non-Crystalline Solides* **2006**, *352*, 2343.

[31] S. M., Liu ; S. L., Gu ; S. M., Zhu ; J. D., Ye ; W., Liu ; R., Zhang ; Y. D., Zheng ; J. *Vac. Sci. Technol. A* **2007**, 25, 187.

[32] W. I., Park ; D. H., Kim ; S. W., Jung ; G. C., Yi *Appl. Phys. Lett.* **2002**, *80*, 4232.

[33] S., Liu ; J. J., Wu *Mater. Res. Soc. Sym. Proc.* **2002**, *703*, 241.

[34] M., Pan ; W. E., Fenwick ; M., Strassburg ; N., Li ; H., Kang ; M. H., Kane ; A., Asghar ; S., Gupta ; R., Varatharajan ; J., Nause ; N., El-Zein ; P., Fabiano ; T., Steiner ; I., Ferguson *Journal of Crystal growth* **2006**, *287*, 688.

[35] X., Liu ; J., Wang ; J., Zhang ; S., Yang *Materials Science and Engineering A* **2006**, *430*, 248.

[36] H.C., Cheng ; C.F., Chen ; C.Y., Tsay *Applied Physics Letters* **2007**, *90*, 012113.

[37] Y., Natsume ; H., Sakata *Mater. Chem. Phys.* **2002**, *78*, 170.

[38] B., Pal ; M., Sharon *Mater. Chem. Phys.* **2002**, *76*, 82.

[39] D., Basak ; G., Amin ; B., Mallik ; G.K., Paul ; S.K., Sen *J. Cryst. Growth* **2003**, *256*, 73.

[40] K.F., Cai ; E., Mueller ; C., Drasar ; A., Mrotzek *Mater. Lett.* **2003**, *57*, 4251.

[41] M., Izaki ; T., Omi *J. Electrochem. Soc.* **1997**, *144*, L3.

[42] M., Izaki ; J., Katayama *J. Electrochem. Soc.* **2000**, *147*, 210.

[43] T., Saeed ; P., O'Brien *Thin Solid Films* **1995**, *271*, 35.

[44] D.S., Boyle ; K., Govender ; P., O'Brien *Thin Solid Films* **2003**, *431*, 483.

[45] K., Govender ; D.S., Boyle ; P.B., Kenway ; P., O'Brien *J. Mater. Chem.* **2004**, *14*, 2575.

[46] J., Ouerfelli ; M., Regragui ; M., Morsli ; G., Djeteli ; K., Jondo ; C., Amory ; G., Tchangbedji ; K., Napo ; J. C., Bernède *J. Phys. D: Appl. Phys.* **2006**, *39*, 1954.

[47] P., Mitra ; J., Khan *Materials Chemistry and Physics* **2006**, *98*, 279.

[48] W.J., Li ; E.W., Shi ; W.Z., Zhong ; Z.W., Yin *J. Cryst. Growth* **1999**, *203*, 186.

[49] H., Zhou ; T., Fan ; D., Zhang *Microporous and Mesoporous Materials* **2007**, *100*, 322.

[50] H., Zhu ; D. Yang ; H., Zhang *Inorganic Materials* **2006**, *42*, 1210.

[51] Y., Xi ; C. G., Hu ; X. Y., Han ; Y. F., Xiong ; P. X., Gao ; G. B., Liu *Solide State Communications* **2007**, *141*, 506.

[52] J.E., Rodriguez-Paez ; A.C., Caballero ; M., Villegas ; C., Moure ; P., Duran ; J.F., Fernandez *J. Eur. Ceram. Soc.* **2001**, *21*, 925.

[53] Z., Hu ; G., Oskam ; P.C., Searson *J. Colloid Interface Sci.* **2003**, *263*, 454.

[54] S., Peulon ; D., Lincot *Adv. Mater.* **1996**, *8*, 166.

[55] M., Izaki ; T., Omi *J. Electrochem. Soc.* **1996**, *143*, L53.

[56] M., Izaki ; T., Omi *Appl. Phys. Lett.* **1996**, *68*, 2439.

[57] M., Izaki ; T., Omi *J. Electrochem. Soc.* **1997**, *144*, 1949.

[58] J., Katayama ; M., Izaki *J. Appl. Electrochem.* **2000**, *30*, 855.

[59] T., Yoshida ; S., Ide ; T., Sigiura ; H., Minoura *Trans. Mater. Res. Soc. Jap.* **2000**, *25*, 1111.

[60] T., Yoshida ; D., Komatsu ; N., Shimokawa ; H., Minoura *Thin Solid Films* **2004**, *451-452*, 166.

[61] J., Lee ; Y., Tak *Electrochem. Commun.* **2000**, *2*, 765.

[62] E.A., Dalchiele ; P., Giorgi ; R.E., Marotti ; F., Martin ; J.R., Ramos-Barrado ; R., Ayouci ; D., Leinen *Sol. Energy Mater. Sol. Cells* **2001**, *70*, 245.

[63] R.E., Marotti ; D.N., Guerra ; C., Bello ; G., Machado ; E.A., Dalchiele *Sol. Energy Mater. Sol. Cells* **2004**, *82*, 85

[64] S., Peulon ; D., Lincot *J. Electrochem. Soc.* **1998**, *145*, 864.

[65] B., Canava ; D., Lincot *J. Appl. Electrochem.* **2000**, *30*, 711.

[66] T., Pauporté ; D., Lincot *Electrochim. Acta* **2000**, *45*, 3345.

[67] B., Mari ; M., Mollar ; A., Mechkour ; B., Hartiti ; M., Perales ; J., Cembrero ; *Microelectron. J.* **2004**, *35*, 79.

[68] J., Cembrero ; A., Elmanouni ; B., Hartiti ; M., Mollar ; B., Mari *Thin Solid Films*, in press.

[69] T., Pauporté ; D. Lincot *J. Electrochem. Soc.* **2001**, *148*, C310.

[70] T., Pauporté ; D., Lincot *J. Electroanal. Chem.* **2001**, *517*, 54.

[71] Y., Tang ; L., Luo ; Z., Chen ; Y., Jiang ; B., Li ; Z., Jia ; L., Xu *Electrochemistry Communications* **2007**, *9*, 289.

[72] T., Pauporté ; D., Lincot *Appl. Phys. Lett.* **1999**, *75*, 3817; R., Liu ; A.A., Vertegel ; E.W., Bohannan ; T.A., Sorenson ; J.A., Switzer *Chem. Mater.* **2001**, *13*, 508.

[73] S. J., Limmer ; E. A., Kulp ; J. A. Switzer *Langmuir* **2006**, *22*, 10535.

[74] M., Kitano ; M., Shiojiri *J. Electrochem. Soc.* **1997**, *144*, 809

[75] R.M., Nyffenegger ; B., Craft ; M., Shaaban ; S., Gorer ; G., Erley ; R.M. Penner *Chem. Mater.* **1998**, *10* , 1120.

[76] A., Goux ; T., Pauporté ; J., Chivot ; D., Lincot *Electrochim. Acta.* **2005**, *50*, 2239.

[77] A., Goux ; T., Pauporté ; D., Lincot *Electrochim. Acta.* **2006**, *51*, 3168.

[78] D., Gal ; G., Hodes ; D., Lincot ; H.W., Schock *Thin Solid Films* **2000**, *361-362*,79.

[79] B., O'Regan ; V., Sklover ; M., Grätzel *J. Electrochem. Soc.* **2001**, *148*, C498.

[80] T., Pauporté ; D., Lincot *Appl. Phys. Lett.* **1999**, *75*, 3817.

[81] T., Pauporté ; D., Lincot ; B. Viana ; F., Bellé *Apply. Phys. Lett.* **2006**, *89*, 233112.

[82] T., Pauporté ; R., Cortès ; M., Froment ; D., Lincot *J. Phys. Chem. B.* **2003**, *107*, 10077.

[83] Q. P., Chen ; M. Z., Xue ; Q. R., Sheng ; Y. G., Liu ; Z. F., Ma *Electrochem. Soli.-State. Ett.* **2006**, *9*, C558.

[84] M., Izaki ; T., Omi *Apply. Phys. Lett.* **1996**, *68*, 2439.

[85] T., Yoshida ; D., Komatsu ; N., Shimokawa ; H., Minoura *Thin solid films* **2004**, *451*, 166.

[86] L., Zhang ; Z., Chen ; Y., Tang ; Z., Jia *Thin solid films* **2005**, *492*, 24.

[87] B., Gao ; X., Teng ; S. H., Heo ; Y., Li ; S.O., Cho ; G., Li ;W., Gai *Thin solid films* **2005**, *492*, 61.

[88] C., Lévy-Clément ; J., Elias ; R., Tena-Zaera *SPIE Proceedings* **2007**, *6340*, 63400R1.

[89] M. J., Zheng ; L. D., Zhang ; G.H., Li ; W. Z., Shen *Chem. Phys. Lett.* **2002**, *363*, 123.

[90] N., Stenou ; F., Robert ; K., Boubekeur ; F., Ribot ; C., Sanchez *Inorg. Chim. Acta*. **1998**, *279*, 144.

[91] B., Lebeau ; C., Sanchez *Current Opinion in Solid State and Mater. Sci.* **1999**, *4*, 11.

[92] J., Blanchard ; F., Ribot ; C., Sanchez ; P.V., Bellot ; A., Trokiner *J. Non-Cryst. Solids* **2000**, *265*, 83.

[93] G.J. de A.A., Soler-Illia ; E.L., Crepaldi ; D., Grosso ; C., Sanchez *Current Opinion in Colloid and Interface Sci*. **2003**, *8*,109.

[94] C., Sanchez ; G.J. de A. A., Soler-Illia ; F., Ribot ; D., Grosso *; C. R. Chimie* **2003**, *6*, 1131.

[95] V., Saxena ; D.K., Aswal ; M., Kaur; S.P., Koiry ; S.K., Gupta ; J.V., Yakhmi ; R.J., Kshirsagar ; S.K., Deshpande, *Applied Physics Letters* **2007**, *90*, 043516.

[96] Z., Zhang ; S., Liu ; S., Chow ; M-Y., Han *Langmuir* **2006**, *22*, 6335.

[97] P., Gerstel ; R. C., Hoffmann ; P., Lipowsky ; L.P.H., Jeurgens ; J., Bill ; F., Aldinger *Chem. Mater*. **2006**, *18*, 179.

[98] K., Govender ; D.S., Boyle ; P.B., Kenway ; P. O'brien *J. Mater. Chem.* **2004**, *14*, 2575.

[99] J., Duan ; X., Huang ; E., Wang *Matter. Lett.* **2006**, *60*, 1918.

[100] Z.R., Tian ; J.A., Voigt ; J., Liu ; B., McKenzie ; M.J., McDermott ; M.A., Rodriguez ; H., Konishi ; H., Xu *Nature Mater.* **2003**, *2*, 821.

[101] M., Grätzel *Nature* **2001**, *414*, 338.

[102] M., Grätzel *J. Photochem. Photobiol. C : Photochem. Rev*. **2003**, *4*, 145.

[103] M., Grätzel *J. Photochem. Photobiol. A : Chem.* **2004**, *164*, 3.

[104] E., Topoglidis ; C.J., Campbell ; A.E.G., Cass ; J.R., Durrand *Electroanalysis* **2006**, *18*, 882.

[105] E., Topoglidis ; A.E.G., Cass ; B., O'Regan ; J.R., Durrant *J. Electroanal. Chem.* **2001**, *517*, 20.

[106] K.S., Choi ; H.C., Lichtenegger ; G.D., Stucky ; E.W., McFarland *J. Am. Chem. Soc.* **2002**, *124*, 12402.

[107] C., Boeckler ; T., Oekermann ; A., Feldhoff ; M., Wark *Langmuir* **2006**, *22*, 9427.

[108] Y., Tan ; E. M. P., Steinmiller ; K-S., Choi *Langmuir* **2005**, *21*, 9618.

[109] E., Michaelis ; D., Wöhrle ; J., Rathousky ; M., Wark *thin solid films* **2006**, *497*, 163.

[110] T., Pauporté *Cristal Growth Design* **2007**, sous press.

[111] T., Yoshida ; K., Miyamoto ; N., Hibi ; T., Sugiura ; H., Minoura ; D., Schlettwein ; T., Oekermann ; G., Schneider ; D., Wöhrle *Chem. Lett.* **1998**, *27*, 599.

[112] T., Yoshida ; M., Tochimoto ; D., Schlettwein ; D., Wöhrle ; T., Sugiura ; H., Minoura *Chem. Mater.* **1999**, *11*, 2657.

[113] D., Schlettwein ; T., Oekermann ; T., Yoshida ; M., Tochimoto ; H., Minoura *J. Electroanal. Chem.* **2000**, *481*, 42.

[114] S., Karuppuchamy ; T., Yoshida ; T., Sugiura ; H., Minoura *Thin Solid Films* **2001**, *397*, 63.

[115] K., Okabe ; T., Yoshida ; T., Sugiura ; H., Minoura *Trans. Mater. Res. Soc. Jap.* **2001**, *26*, 523.

[116] T., Pauporté ; T., Yoshida ; A., Goux ; D., Lincot *J. Electroanal. Chem.* **2002**, *534*, 55.

[117] T., Yoshida ; T., Pauporté ; D., Lincot ; T., Oekermann ; H., Minoura *J. Electrochem. Soc.* **2003**, *150*, C608.

[118] T., Yoshida ; M., Iwaya ; H., Ando ; T., Oekermann ; K., Nonomura ; D., Schlettwein ; D., Wöhrle ; H., Minoura *Chem. Commun.* **2004**, *4*, 400.

[119] T., Oekermann ; S., Karuppuchamy ; T., Yoshida ; D., Schlettwein ; D., Wöhrle ; H., Minoura *J. Electrochem. Soc.* **2004**, *151*, C62.

[120] T., Yoshida présentation orale au congrès *15th International Conference on Photochemical Conversion and Storage of Solar Energy*, Paris, Juillet **2004**.

[121] T., Yoshida ; H., Minoura ; J., Zhang ; D., Komatsu ; S., Sawatani ; T., Pauporté ; D., Lincot ; T., Oekermann ; D., Schlettwein *Adv. Funct. Mater* **2007**, sous presse.

[122] J., Rathousky ; T., Pauporté *J. Phys. Chem. C* **2007**, sous presse.

[123] Z., Chen ; Y., Tang ; L., Zhang ; L., Luo *Electrochim. Acta*. **2006**, *51*, 5870.

[124] J., Sagiv ; R., Maoz *J. Colloid Interface Sci*. **1984**, *100*, 465.

[125] S. A., Mirji *Surface and Interface Analysis* **2006**, *38*, 158.

[126] K., Bierbaum ; M., Kinzler ; Ch., Wöll ; M., Grunze ; G., Hahner ; S., Heid ; F., Effenberger *Langmuir* **1995**, *11*, 512-518.

[127] Y.-T., Tao *J. Am. Chem. Soc*. **1993**, *115*, 4350.

[128] R. G., Nuzzo ; F. A., Fusco ; D. L., Allara *J. Am. Chem. Soc*. **1987**, *109*, 2358.

[129] G. M., Whitesides ; P. E., Laibinis *Langmuir* **1990**, *6*, 87.

[130] C. W., Sheen ; J.-X., Shi ; J., Martensson ; A. N., Parikh ; D. L., Allara *J. Am. Chem. Soc*. **1992**, *114*, 1514.

[131] P., Silberzan; L., Léger ; D., Ausserré; J., Benattar *Langmuir* **1991**, *7*, 1647.

[132] S.R., Wasserman; Y.T., Tao; G.M., Whitesides *Langmuir* **1989**, *5*, 1074.

[133] R., Banga; J.,Yarwood; A., Morgan ; M., Evans; B., Kells *J. Thin Solid Films* **1996**, *285*, 261.

[134] K., Bierbaum; M. Kinzler; C, Woell; M., Grunz; G., Hahner; S., Heid; F., Effenberger *Langmuir* **1995**, *11*, 512.

[135] J., Duchet; B., Chabert; J. P., Chapel; J. F., Gérard; J. M., Chovelon; N., Jaffrezic-Renault *Langmuir* **1997**, *13*, 2271.

[136] G., Vigil; Z., Xu ; S., Steinberg ; J., Israelachvili *Journal of Colloid and Interface Science* **1994**, *165*, 367.

[137] J. V., Davidovits ; V., Pho ; P., Silberzan ; M., Goldmann *Surf. Sci*. **1996**, *352-354*, 369.

[138] Brzoska, J. B.; Shahidzadeh, N.; Rondelez, F. *Nature* **1992**, *360*, 719-721.

[139] R. R., Rye *Langmuir* **1997**, *13*, 2588.

[140] K., Iimura ; Y., Nakajima ; T., Kato *Thin Solid Films* **2000**, *379*, 230.

[141] A. N., Parikh ; D. L., Allara ; I. B., Azouz ; F., Rondelez *J. Phys. Chem.* **1994**, *98*, 7577.

[142] J., Gun ; J., Sagiv *J. Colloid Interface Sci.* **1986**, *112*, 457.

[143] M. E., McGovern ; K. M. R., Kallury ; M., Thompson *Langmuir* **1994**, *10*, 3607.

[144] S., Heid ; F., Effenberger *Langmuir* **1996**, *12*, 2118.

[145] S., Navarre ; F., Choplin ; J., Bousbaa ; B., Bennetau ; L., Nony ; J. P., Aimé *Langmuir* **2001**, *17*, 4844.

[146] R., Maoz ; S., Matis ; E., DiMasi ; B. M., Ocko ; J., Sagiv *Nature* **1996**, *384*, 150.

[147] J. B., Schlenoff ; M., Li ; H. Ly, *J. Am. Chem. Soc.* **1995**, *117*, 12528.

[148] H., Lee ; L. J., Kepley ; H. G., Hong ; T. E., Mallouk *J. Am. Chem. Soc.* **1998**, *110*, 618.

[149] W. T., Müller ; D. L., Klein ; T., Lee; J., Clarke ; P. L., McEuen ; P. G., Schultz *Science* **1995**, *278*, 272.

[150] A., Kornherr ; S. A., French ; A. A., Sokol ; C. R. A., Catlow ; S., Hansal ; W. E. G., Hansal ; J. O., Besenhard ; H., Kronberger ; G. E., Nauer ; G., Zifferer ; *Chem . Phys. Lett.* **2004**, *393,* 107.

[151] A., Kornherr ; S., Hansal ; W. E. G., Hansal ; G. E., Nauer ; G.,Zifferer *Macromol. Symp.* **2004**, *217*, 295.

[152] A., Kornherr ; S., Hansa ; W. E. G., Hansal ; J. O., Besenhard ; H., Kronberger ; G. E., Nauer, G., Zifferer *Journal of Chemical Physics* **2003**, *119*, 9719.

[153] A.,Kornherr ; G. E., Nauer ; A. A., Sokol ; S. A., French ; R. A., Catlow ; G., Zifferer *Langmuir* **2006**, *22*, 8036.

[154] B., Watts ; L., Thomsen ; P.C., Dastoor *Synthetic Metals* **2005**, *152*, 21.

[155] B., Watts ; L., Thomsen ; J.R., Fabien ; P.C., Dastoor *Langmuir* **2002**, *18*, 148.

[156] L., Thomsen ; B., Watts ; P. C., Dastoor *Surface and Interface Analysis* **2006**, *38*, 1139.

[157] T. R. E., Simpson ; J. F., Watts ; P. A., Zhdan ; J. E., Castle ; R. P. J., Digby *Mater. Chem.* **1999**, *9*, 2935.

[158] J. S.,Quinton ; P. C., Dastoor *Surf. Interface. Anal.* **2000**, *30*, 21.

[159] J.Y., Shiu ; C.W., Kuo ; P., Chen *Proceedings of SPIE-The International Society for Optical Enginnering* **2005**, *5648*, 325.

[160] H., Yabu ; M., Shimomura *Chem Mater* **2005**, *17*, 5231.

[161] M.T., Khorasani ; H., Mirzadeh ; Z., Kermani *Applied Surface Science* **2005**, *242*, 339.

[162] M.H., Sun ; C.X., Luo ; L.P., Xu ; H., Ji ; O.Y., Qi ; D.P., Yu *Langmuir* **2005**, *21*, 8978.

[163] Z., Guo ; F., Zhou ; J., Hao ; J., Hao ; W., Liu *J. Am. Chem. Soc.* **2005**, *127*, 15670.

[164] N., Zhao ; Q.D., Xie ; L.H., Weng ; S.Q., Wang ; X.Y., Zhang ; J., Xu *Macromolecules* **2005**, *38*, 8996.

[165]. X.Y., Lu ; C.C., Zhang ; Y.C., Han *Macromol. Rapid. Commun.* **2004**, *25*, 1606

[166] R., Mohammadi ; J., Wassink ; A., Amirfazli *Langmuir* **2004**, *20*, 9657.

[167] T., Onda ; S., Shibuichi ; N., Satoh ; K., Tsuiji *Langmuir* **1996**, *12*, 2125.

[168] S., Shibuichi ; T., Onda ; N., Satoh ; K., Tsujii *J. Phys. Chem.* **1996**, *100*, 19512.

[169] J., Zhang ; X., Lu ; W., Huang ; Y., Han Macromol. Rapid. Commun. **2005**, *26*, 1075.

[170] N., Zhao ; J., Xu ; Q.D., Xie ; L.H. Weng ; X.L., Guo ; X.L. Zhang *Macromol. Rapid. Commun.* **2005**, *26*, 1075.

[171] C.F., Wang ; Y.T., Wang ; P.H., Tung ; S.W., Kuo ; C.H., Lin ; Y.C., Sheen ; F.C., Chang *Langmuir* **2006**, *22*, 8289.

[172] L., Feng ; S., Li ; H., Li ; J., Zhai ; Y., Song ; L., Jiang ; D., Zhu *Angew. Chem. Int. Ed.* **2002**, *41*, 1221.

[173] L., Feng ; S., Li ; H., Li ; Y., Li ; L., Zhang ; J., Zhai ; Y., Song ; B., Liu ; L., Jiang ; D., Zhu *Adv. Mater.* **2002**, *14*, 1857.

[174] Y.C., Jung ; B., Bhushan *Nanotechnology* **2006**, *17*, 4970.

[175] X., Feng ; J., Zhai ; L., Jiang *Angew. Chem. Int. Ed.* **2005**, *44*, 5115.

[176] E., Balaur ; J.M., Macak ; L., Taveira ; P., Schmuki *Electrochem. Com.* **2005**, *7*, 1066.

[177] W., Zhu ; X., Feng ; L., Feng ; L., Jiang *Chem. Commun.* **2006**, *26*, 2753.

[178] X., Feng ; L., Feng ; M., Jin ; J., Zhai ; L., Jiang ; D., Zhu *J. Am. Chem. Soc.* **2004**, *126*, 62.

[179] H., Liu ; L., Feng ; J., Zhai ; L., Jiang ; D., Zhu *Langmuir* **2004**, *20*, 5659.

[180] L., Huang ; S.P., Lau ; H.Y., Yang ; E.S.P., Leong ; S.F., Yu ; S., Prawer, *J. Phys. Chem. B.* **2005**, *109*, 7746.

[181] Y.H., Yang ; Z.Y., Wang ; C.X., Wang ; D.H., Chen ; G.W., Yang *J. Phys. Condens. Matter* **2005**, *17*, 5441.

[182] S., Yin ; T., Sato *J. Mater. Chem.* **2005**, *15*, 4584.

[183] L., Jiang ; Y., Zhao ; J., Zhai *Angew. Chem. Int. Ed.* **2004**, *43*, 4338.

[184] K., Teshima ; H., Sugimura ; Y., Inoue ; O., Takai ; A., Takano *Appl. Surf. Sci.* **2005**, *244*, 619.

[185] X.Y., Song ; J., Zhai ; Y.L., Wang ; L., Jiang *J. Phys. Chem B* **2005**, *109*, 619.

[186] A.W., Hassel ; S., Milenkovic ; U., Schrûmann ; H., Greve ; V., Zaporojtchenko ; R., Adelung ; F., Faupel *Langmuir* **2007**, *23*, 2091.

[187] B.T., Qian ; Z.Q., Shen *Langmuir* **2005**, *21*, 9007.

[188] L., Barbieri ; E., Wagner ; P., Hoffmann *Langmuir* **2007**, *23*, 1723.

[189] E., Besson ; A.M. Gue ; J., Sudor, H., Korri-Youssoufi ; N., Jaffrezic ; J., Tardy *Langmuir* **2006**, *22*, 8346.

[190] J.Y., Shiu ; C.W., Kuo ; C., Peilin ; C.Y., Mou *Chem. Mater.* **2004**, *16*, 561.

[191] E., Martines ; K., Seunarine ; H., Morgan ; N., Gadegraad ; C.D.W., Wilkinson, M.O., Riehle, *Nano. Lett.* **2005**, *5*, 2097.

[192] N.J., Shirtcliffe ; G., Mchale ; M.I., Newton ; C.C., Perry ; P., Roach *Chem. Com* **2005**, *25*, 3135.

[193] X., Wu ; L., Zheng ; D., Wu *Langmuir* **2005**, *21*, 2665.

[194] K., Tadanaga ; J., Moringana ;T., Minami *Journal of sol-gel Science and Technology* **2000**, *19*, 211.

[195] L., Zhai ; F.Ç., Cebeci ; R.E., Cohen ; M.F., Rubner *Nano Letters* **2004**, *4*, 1349.

[196] X., Zhang ; F., Shi ; X., Yu ; H., Liu ; Y., Fu ; Z.Q., Wang *J. Am. Chem. Soc.* **2004**, *126*, 3064.

[197] N.J., Shirtcliffe ; G., McHale ; M. I., Newton ; G., Chabrol ; C.C., Perry *Adv. Mater.* **2004**, *16*, 1929.

[198] X.T., Zhang ; O., Sato ; A., Fujishima *Langmuir* **2004**, 20, 6065

[199] M., Li ; J., Zhai ; H., Liu ; Y., Song ; L., Jiang ; D., Zhu *J. Phys. Chem. B* **2003**, *107*, 9954.

[200] M., Ma ; Y., Mao ; M., Gupta ; K.K., Gleason ; G.C., Rutledge *Appl. Phys. Lett.* **2005**, *40*, 3587.

[201] S., Agarwal ; S., Horst ; M., Bognitzki *Macromol. Mater. Eng.* **2006**, *291*, 592.

[202] Y., Zhu ; J., Zhang ; Y., Zhen ; Z., Huang ; L., Feng ; L., Jiang Adv. *Funct. Mater.* **2006**, *16*, 568.

[203] Y., Coffinier ; S., Janel ; A., Addad ; R., Blossey ; L., Gengembre ; E., Payen ; R., Boukherroub *Langmuir* **2007**, *23*, 1608.

[204] D.L., Alara ; R.G., Nuzzo *Langmuir* **1985**, *1*, 45.

[205] S., Wang ; L., Feng ; L., Jiang *Adv. Mater.* **2006**, *18*, 767.

[206] S., Wang ; L., Feng ; H., Liu ; T., Sun ; X., Jiang ; D., Zhu *Chem. Phys. Chem.* **2005**, *6*, 1475.

[207] N., Karsi ; P., Lang ; M., Chehimi ; M., Delamar ; G., Horowitz *Langmuir* **2006**, *22*, 3118.

[208] Y.T., Tao *J. Am. Chem. Soc.* **1993**, *115*, 4350.

[209] K.M., Pertays ; G.E., Thompson ; M.R., Alexander *Surf. Interface. Anal.* **2004**, *36*, 1361.

[210] M.S., Lin ; K., Feng ; X., Chen ; N., Wu; A., Raman ; J., Nightingale ; E.S., Gawalt ; D., Korakakis ; L.A., Hornak ; A.T., Timperman *Langmuir* **2007**, *23*, 2444.

[211] A., Raman ; E.S., Gawalt *Langmuir* **2007**, *23*, 2284.

[212] H., Tang ; Y., Liu ; X., Chen ; J., Qin ; M., Inokuchi ; M., Kinoshita ; X., Jin ; Z., Wang ; B., Xu Macromolecules **2004**, *37*, 9785.

[213] J., Wang ; M.M., Collinson *Journal of Electroanalytical Chemistry* **1998**, *455*, 127.

[214] H.O., Finklea ; L.R., Robinson ; L.R., Blackburn ; B., Richter ; D., Allara ; T., Bright *Langmuir* **1986**, *2*, 239.

[215] C.M., Casafo ; M., Moran ; J., Losada ; I., Cuadrado *Inorg. Chem.* **1995**, *34*, 1668.

[216] A., Badia ; R., Carlini ; A., Fernandez ; F., Battaglini ; S.R., Mikkelsen ; A.M., English *J. Am. Chem. Soc.* **1993**, *115*, 7054.

[217] L., Wang ; D., Xiao ; E., Wang ; L., Xu *J. Colloid Interf. Sci.* **2005**, *285*, 435.

[218] N.R., Armstrong ; C., Carter ; C., Donley ; A., Simmonds ; P., Lee ; M., Brumbach ; B., Kippelen ; B., Domercq ; S., Yoo *Thin Solid Films* **2003**, *445*, 342.

[219] G.M., Whitesides ; G.S., Ferguson Chemtracts: *Org. Chem.* **1988**, *1*, 171.

[220] J.C., Love ; L.A., Estroff ; J.K., Kriebel ; R.G., Nuzzo ; G.M., Whitesides *Chem. Rev. (Washington, DC, United States)* **2005**, *105*, 1103.

[221] S., Yoshimoto ; A., Saito ; E., Tsutsumi ; F., D'Souza ; O., Ito ; K., Itaya *Langmuir* **2004**, *20*, 11046.

[222] Y.F., Chen ; I.A., Banerjee ; L., Yu ; R., Djalali ; H., Matsui *Langmuir* **2004**, *20*, 8419.

[223] I., Turyan ; D., Mandler *Isr. J. Chem.* **1997**, *37*, 225.

[224] L.Y.S., Lee ; T.C., Sutherland ; S., Rucareanu ; R.B., Lennox *Langmuir* **2005**, *22*, 4438.

[225] P.A., Brooksby ; K.H., Anderson ; A.J., Downard ; A.D., Abell *Langmuir* **2006**, *22*, 9304.

[226] L.J., Kuo ; J.H., Liao ; C.T., Chen ; C.H., Huang ; C.S., Chen ; J.M., Fang *Organic Letters* **2003**, *5*, 1821.

Chapitre III

Préparation de films de ZnO nanostructuré par électrodépôt

III-1. Introduction

L'oxyde de zinc possède des propriétés physiques et optiques tout à fait intéressantes qui suscitent l'intérêt de divers groupes de recherche ces dernières années comme le montre l'abondante littérature dont il est le sujet. Cet oxyde métallique peut être préparé selon différentes méthodes. Pour notre part, nous avons opté pour une méthode simple et peu coûteuse : l'électrodépôt. De plus, un des avantages de la voie électrochimique est de pouvoir aisément modifier et contrôler la morphologie du matériau ainsi préparé en jouant sur différents paramètres tel que la concentration des réactifs, la température, l'ajout d'additifs etc. Cette modification de l'état de surface a été caractérisée par des mesures de mouillabilité.

III-2. Dépôt électrochimique par élévation locale du pH : Méthode de préparation de ZnO nanostructuré

L'électrodépôt de ZnO nécessite des substrats conducteurs. Cependant, cette méthode présente plusieurs avantages par rapport aux méthodes chimiques. La synthèse a lieu en une seule étape à basse température et à pression ambiante. Le dépôt électrochimique assure la continuité électrique avec le substrat conducteur. La quantité de ZnO déposé est directement accessible lors de la croissance du film par simple mesure de la charge électrique échangée durant ce processus. De plus, cette méthode économique permet de contrôler finement la vitesse de dépôt et donc l'épaisseur des films obtenus.

III-2-1. Conditions expérimentales

Avant tout électrodépôt, le substrat conducteur d'oxyde d'étain (SnO_2) est nettoyé selon le protocole suivant. Dans une cuve à ultrasons, on place pendant 5 min un récipient contenant le substrat immergé dans l'acétone. Cette opération est renouvelée une seconde fois en remplaçant l'acétone par de l'éthanol absolu. Après un lavage à l'eau, le SnO_2 est à nouveau mis pour 2 min dans la cuve à ultrasons dans de l'acide nitrique à 45 % puis il est abondamment rincé avec de l'eau ultrapure et séché à l'air.

Le ZnO est déposé par électroréduction en utilisant comme électrolyte support le KCl (0,1 mol L^{-1}) et l'oxygène moléculaire (O$_2$) comme précurseur d'ions hydroxyde selon les réactions suivantes :

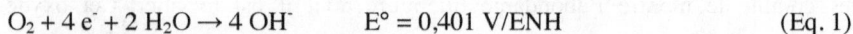

$$O_2 + 4 e^- + 2 H_2O \rightarrow 4 OH^- \qquad E° = 0,401 \text{ V/ENH} \qquad \text{(Eq. 1)}$$

$$Zn^{2+} + 2 OH^- \rightarrow ZnO + H_2O \qquad \text{(Eq. 2)}$$

Les ions Zn^{2+} réagissent avec les ions hydroxyde pour former le film de ZnO à la surface du substrat. L'étude électrochimique est faite dans une cellule à trois électrodes. Les conditions expérimentales sont les suivantes :

[ZnCl$_2$] (Merck pour analyse 98%)	5 à 0,2 mmol L^{-1}
[O$_2$]	0,8 mmol L^{-1} ~ 30 min
Electrolyte	KCl 0,1 mol L^{-1} (Merck 99,5%)
Potentiel	-1 V/ECS
Température	70°C
Temps	1200 à 5400 s
Substrat	SnO$_2$
Agitation	Electrode tournante 300 tr min^{-1}

Des films de rugosité plus élevée peuvent être obtenus en jouant sur les conditions d'électrodépôt suivant la méthode mise au point par Lévy-Clément et al. [1]. L'expérience consiste à préparer une couche compacte de ZnO par électrodépôt à température ambiante. Après la formation de la couche, le ZnO est électrodéposé à partir d'un bain électrolytique contenant de plus faibles concentrations en Zn^{2+} (0,2 mM dans une solution de KCl 0,5 mol L^{-1}), le précurseur étant toujours le dioxygène [2]. Le mode opératoire est le suivant :

	Couche tampon	Nanotiges de ZnO
[ZnCl$_2$] (/mM)	2,5	0,2
[O$_2$] (/mM)	0,8 [13]	0,8
Electrolyte (/M)	KCl 0,1	KCl 0,5
Potentiel (/V/ECS)	-1	-1
Temps (/s)	5400	11000
Température (/°C)	25	80
Substrat	SnO$_2$	
Agitation	Electrode tournante 300 tr min^{-1}	

III-3. Préparation de matériaux hybrides organo-minéraux ZnO/EY et ZnO/SDS

Les matériaux composites organo-minéraux trouvent des applications dans le domaine de l'énergie. En effet, ils sont utilisés comme couches photoactives dans les cellules solaires à colorants ou dye sensitized solar cells (DSSC) [3,4,5,6,7]. Ces couches sont généralement composées d'une matrice inorganique mésoporeuse qui est un semi-conducteur de grande bande interdite tel que TiO$_2$ [3,4] ou ZnO [5] sensibilisée par adsorption d'un colorant. Parmi les colorants utilisés, on trouve souvent l'éosine Y (EY). Les matériaux ZnO/éosine Y ont été largement étudiés par Yoshida et al. [8,9,10,11] qui furent les premiers à proposer une nouvelle méthode simple de co-dépôt d'une matrice oxyde et d'un colorant. Pauporté et al. [12] ont étudié les propriétés chimiques de l'éosine Y, et ont proposé des modèles de croissance de l'éosine en présence de Zn^{2+}.

Afin de préparer des matériaux hybrides, nous avons ajouté au bain de synthèse contenant 5 mM de ZnCl$_2$ de l'éosine à une concentration de 50 µM. Ce composé organique peut réagir avec la matrice oxyde comme détaillé dans le chapitre II. Le dépôt est réalisé pendant 20 minutes. L'éosine complexe ainsi l'ion Zn^{2+}, elle est réduite et incorporée dans le film qui au début est incolore mais très vite il devient rouge foncé une fois exposé à l'air, suite à son oxydation. Le mécanisme de complexation de ce colorant a été largement étudié par Pauporté et al. [12]. Une étude thermodynamique et cinétique détaillée de l'oxyde de zinc a été le sujet de la thèse d'A. Goux soutenue en 2004 et menée dans notre laboratoire [13]. La désorption de l'éosine se fait dans un milieu rendu basique à l'aide de NaOH (pH=10,5), tandis que la réadsorption se fait dans une solution contenant 500 μM d'EY préparée dans l'éthanol absolu à 80°C pendant 1h. Lors de la désorption de ce colorant des pores sont générés [12].

Nous avons également synthétisé le ZnO en présence d'un tensioactif, le dodécylsulfate de sodium (SDS) ajouté en quantité variable au bain de synthèse contenant du [$ZnCl_2$] à 5 mM quand la température de ce dernier atteint 70°C. Un tensioactif comme le SDS peut former des agrégats ou micelles qui peuvent servir de «*templates*» dans la synthèse de tamis moléculaires mésoporeux. Ces agrégats se forment à la surface du substrat grâce aux forces électrostatiques qui y existent. En comparant le voltampérogramme d'une solution de $ZnCl_2$ 5 mM (figure 1a) à un autre enregistré en ajoutant le SDS à une concentration de 600 μM au bain, on constate une augmentation du courant cathodique (figure 1b).

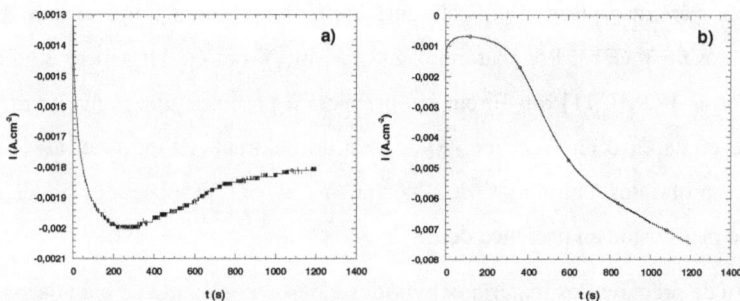

Figure 1 : Chronoampérogrammes hydrodynamique enregistré sur électrode tournante de SnO_2 à 300 tr.min^{-1} dans KCl 0,1 mol L^{-1} a) en présence de $ZnCl_2$ 5 mM + O_2 b) en présence de $ZnCl_2$ 5 mM + SDS 600 μM + O_2.

La nucléation commence immédiatement après l'imposition du potentiel. La croissance de chaque cristal augmente la surface spécifique et après 400 s, le courant commence à augmenter et tend vers une valeur constante indiquant la formation de ZnO sur l'electrode. Cette courbe est légèrement décalée par rapport à celle publiée par Michaelis et al. [14]. La seule différence entre les deux courbes est la vitesse de rotation de l'électrode fixée à 500 tr.min^{-1} dans leur cas. Ces auteurs ont étudié l'effet de la concentration du SDS sur la densité de courant et la morphologie du ZnO. Ils concluent que la densité de courant commence à augmenter quand la concentration en SDS atteint 300 µM dans le bain. Pour des concentrations supérieures à 600 µM en SDS, les films sont mécaniquement instables et fissurés.

III-4. Résultats expérimentaux

L'étude montre que la concentration de $ZnCl_2$ est un paramètre clé déterminant la morphologie du film obtenu. Les films électrodéposés pour 1200 s obtenus à partir d'une solution de $ZnCl_2$ de concentration égale à 5 mM paraissent transparents à l'œil nu une fois retirés du bain de synthèse. Les photographies MEB révèlent un film dense et homogène formé de cristaux hexagonaux (figure 2a). Quand la concentration en $ZnCl_2$ diminue et atteint 0,5 mM (t = 3600 s) ou 0,2 mM (t = 5400 s), les ions Zn^{2+} réagissent plus facilement avec les ions OH^- adsorbés sur les sommets des colonnes puisque ces derniers sont plus accessibles. Le substrat est formé de nanocolonnes hexagonales denses et bien empilées comme on peut le constater sur la figure 2b, ceci est dû à la diminution de la croissance latérale des cristallites, en conséquence le rapport (longueur/largeur) des cristallites augmente jusqu'à une valeur de 5 et des nanocolonnes sont alors formées [15] qui croissent avec l'axe c. Les photos MEB (figure 2b) montrent que le sommet de ces colonnes est hexagonal et la distance moyenne entre deux colonnes est inférieure à 380 nm. Elles ont une longueur de 1,2 µm, une largeur de 180 nm et la densité des nanocolonnes est de 7 nanocolonnes/µm^2. Cette morphologie de film est favorisée par la structure polaire du ZnO composée de surfaces polaires terminales (type 0001) formée de Zn^{2+} chargée positivement et des surfaces polaires (type $000\overline{1}$) formée de O_2^- chargée négativement. Cette structure polaire est à l'origine d'un moment dipolaire dirigé selon l'axe c. L'énergie de surface des plans polaires {0001} est plus élevée que celle des plans non polaires {0110} et {2$\bar{1}$$\bar{1}$0}. Cependant, la croissance avec l'axe c est énergétiquement plus favorable et les *nucléi* orientés suivant {0001} vont croître plus rapidement. Ces nanocolonnes sont essentiellement utilisées dans les cellules solaires ou (ETA Solar Cell) et les diodes photoluminescentes.

Figure 2 : Photos MEB illustrant l'effet de la concentration du sel de zinc sur la morphologie du film : a) Film de ZnO électrodéposé à partir d'une solution de $ZnCl_2$ 5 mM. b) Des nanocolonnes de ZnO préparées à partir de $ZnCl_2$ 0,2 mM. c) Goutte d'eau s'étalant complètement sur une surface de ZnO préparée à partir de $ZnCl_2$ 0,2 mM.

Ces nanostructures semblent encore être plus rugueuses et plus longues dans le cas des nanotiges (figure 3). Les photos MEB révèlent une forte densité de nanotiges formées à partir de la couche tampon. Chaque nanotige étant un monocristal orienté avec l'axe c. Elles montrent aussi que le rapport d'aspect atteint une valeur supérieure à 20. La longueur des tiges est de l'ordre de 3,5 μm, le diamètre est de 160 nm et la densité est élevée (~ 15 tiges/μm^2).

Figure 3 : Photographies MEB de nanotiges de ZnO préparées à partir d'une couche tampon.

Dans le cas de films de ZnO hybrides, les photos MEB ont montré que la morphologie est totalement différente de celle d'un film de ZnO pur. Dans le cas de l'éosine (Figure 4a), et lors de la désorption de ce colorant des pores sont générés, le film observé au MEB montre un aspect poreux, il présente une grande surface comme on peut le voir sur la figure 4b.

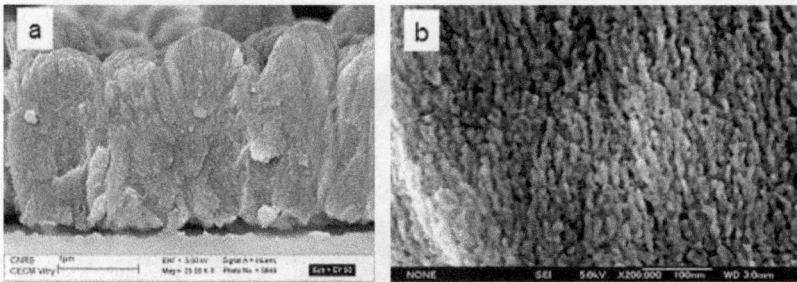

Figure 4 : Photographies MEB d'un film de ZnO/EY a) avant et b) après désorption [13].

Les films de ZnO électrodéposés en présence de SDS sont aussi différents. Ils sont constitués de plaquettes agrégées contenant du SDS (Figure 5).

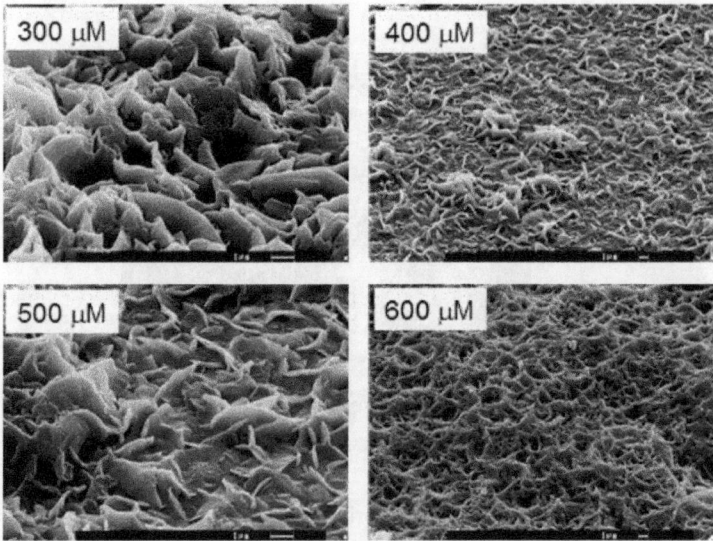

Figure 5 : Film de ZnO/SDS préparés à partir de différentes concentrations de SDS en solution comprises entre 300 et 600 μM.

La désorption du SDS peut être faite dans l'éthanol absolu pendant 24h [14], mais les photos MEB réalisés sur ces films ont montré qu'elle est incomplète comme on peut le constater sur la figure 6.

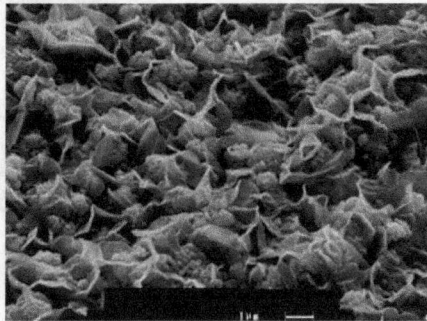

Figure 6 : Photos MEB d'un film de ZnO préparé en présence de 300 μM SDS après désorption dans l'éthanol absolu pendant 24h.

III-5. Mesures d'angles de contact sur les films de ZnO électrodéposé

Toutes les mesures de mouillabilité sont effectuées sur des films de ZnO fraîchement préparés et sur l'appareil DSA 10 (Krüss). Les films de ZnO (5 mM) peuvent être considérés comme des surfaces de référence puisqu'ils sont denses et lisses. Les mesures révèlent un caractère légèrement hydrophile $\theta = 80°$ pour ces films et superhydrophile ($\theta \sim 0°$) pour les nanocolonnes et les nanotiges. Ceci est dû à la forte rugosité de la surface révélée par les photos MEB.

Quand aux mesures d'angles de contact sur les films contenant l'éosine, elles se sont avérées délicates. Dès le dépôt de la goutte d'eau, elle extrait une partie de l'éosine et se colore en rouge. Cependant, un angle de contact estimé à 60° peut être mesuré juste après le contact de la goutte avec le substrat. Les pores générés après sa désorption en milieu basique confèrent à la surface un caractère superhydrophile. En réadsorbant l'éosine, le film est hydrophile avec un angle proche de 46°.

Un caractère différent est observé dans le cas de la synthèse du ZnO en présence du SDS. Les valeurs des angles de contact mesurés sont indiquées dans le tableau 1. Le SDS est inclus dans le film et sa tête anionique réagit avec le ZnO. La surface se couvre alors de chaînes hydrocarbonées à faible énergie de surface rendant ainsi le support hydrophobe avec des angles allant de 110 à 130°.

[SDS] μM	θ (°) ±2°
300	110
400	122
500	130
600	126

Tableau 1 : Valeurs d'angles de contact mesurés sur des films de ZnO électrodéposé en présence de différentes concentrations de SDS.

III-6. Conclusion

La préparation de nanostructures de ZnO est un champ de recherche émergeant. Dans ce chapitre de thèse, nous avons montré la possibilité de synthétiser différentes variétés de nanostructures avec des morphologies et des dimensions très bien contrôlées selon une méthode peu coûteuse et à basse temperature : l'électrodépôt.

Les propriétés intéressantes de l'oxyde de zinc comme le fait qu'il soit un semi-conducteur de grande bande interdite, ses propriétés de luminescence et la possibilité de le doper permettent d'utiliser ZnO en tant que transducteur piezoélectrique [16], film conducteur transparent [17], électrode nanostructurée [18] pour les cellules solaires.

Les films de ZnO électrodéposé sont légèrement hydrophiles, ils sont rendus rugueux et superhydrophiles en diminuant la quantité de $ZnCl_2$ en solution. L'ajout d'additifs, notamment organiques comme l'éosine et le SDS dans le bain de synthèse permet de sélectionner les plans de croissance qui peuvent conduire à une très grande variété de morphologies ainsi qu'à une porosité plus ou moins importante des dépôts. Ces additifs sont en général incorporés dans les films. Ils conduisent dans certains cas à une fonctionnalisation des couches ainsi préparées, et ce, en une seule étape. Dans le cas de la désorption de l'éosine, les mesures de mouillabilité montrent que ces films deviennent superhydrophiles alors que les angles de contact sont supérieurs à 100° pour tous les films de ZnO préparés en présence de SDS.

La modification de la mouillabilité des films d'oxyde peut se faire très facilement par fixation de molécules telles que les alkylsilanes ou les alkylcarboxylates. Dans la plupart des cas, ces modifications peuvent aboutir à préparer des surfaces superhydrophobes à grand champs d'application. Dans les chapitres suivants, nous allons discuter des choix que j'ai été amenés à faire concernant la nature de molécules organiques pour fonctionnaliser les films de ZnO et modifier leur mouillabilité. Les résultats obtenus sont discutés en fonction de la morphologie du film de ZnO pur ou hybride.

Références

---

[1] C., Lévy-Clément ; J., Elias ; R., Tena-Zaera *SPIE Proceedings* **2007**, *6340*, 63400R1.

[2] S., Peulon ; D., Lincot *Adv. Mater.* **1996**, *8*, 166.

[3] B., O'Regan ; M., Grätzel *Nature* **1991**, *353*, 737.

[4] M.K., Nazeeruddin ; A., Kay ; I., Rodicio ; R., Humphry-Baker ; E., Muller ; P., Liska ; N., Vlachopoulos ; M., Grätzel *J. Am. Chem. Soc.* **1993**, *115*, 6382.

[5] G., Redmond ; D., Fitzmaurice ; M., Grätzel *Chem. Mater.* **1994**, *6*, 686.

[6] D., Cahen ; G., Hodes ; M., Grätzel ; J.F., Guillemoles ; I., Riess *J. Phys. Chem. B* **2000**, *104*, 2053.

[7] S.S., Kim ; J.H., Yum ; Y.E., Sung *Solar Energy Mater. Solar Cells* **2003**, *79* , 495.

[8] T., Yoshida ; K., Miyamoto ; N., Hibi ; T., Sugiura ; H., Minoura ; D., Schlettwein ; T., Oekermann ; G., Schneider ; D., Wöhrle *Chem. Lett.* **1998**, 599.

[9] T., Yoshida ; M., Tochimoto ; D., Schlettwein ; D., Wöhrle ; T., Sugiura ; H., Minoura *Chem. Mater.* **1999**, 2657.

[10] T., Yoshida ; J., Yoshimura ; M., Matsui ; T., Sugiura ; H., Minoura *Trans. Mater. Res. Soc. Jpn.* **1999**, *24*, 497.

[11] T., Yoshida ; H., Minoura, *Adv. Mater.* **2000**, *12*, 1219.

[12] T., Pauporté ; T., Yoshida ; A., Goux ; D., Lincot *J. Electroanal. Chem.* **2002**, *534*, 55 ; A., Goux ; T., Pauporté ; T., Yoshida ; D., Lincot *Langmuir* **2006**, *22*, 10545.

[13] Aurélie Goux, thèse Paris VI (Octobre **2004**).

[14] E., Michaelis ; D., Wöhrle ; J., Rathousky ; M., Wark *thin solid films* **2006**, *497*, 163.

[15] C., Badre ; T., Pauporté ; M., Turmine ; D., Lincot *Supperlattices and Microstructures*, doi: 1016/j.spmi.2007.04.018.

[16] M. Kadota ; T. Miura *Jpn. J. Appl. Phys.* **2002**, *41*, 3281.

[17] H.L. Hartnagel ; A.L. Dawar ; A.K. Jain ; C. Jagadish *Semiconducting Transparent Thin Films*, Institute of Physics Publishing, London, **1995**.

[18] K. Keis ; C. Bauer ; G. Boschloo ; A. Hagfeldt ; K. Westermark ; H. Rensmo, H. Siegbahn *J. Photochem. Photobiol. A* **2002**, *148*, 57.

Chapitre IV

Modification de la mouillabilité des films de ZnO par assemblage de molécules d'octadécylsilane

IV-1. Introduction

Le concept de monocouches a été introduit pour la première fois en 1917 par I. Langmuir [1]. Il a étudié la structure de films d'huile à la surface de l'eau. Il fit alors l'hypothèse de l'existence d'une monocouche d'acides gras s'orientant verticalement, le groupement carboxyle en contact avec l'eau et la chaîne alkyle orientée vers l'air. Il a alors réalisé que l'épaisseur du film formé par ces molécules correspondait à la longueur de la chaîne hydrocarbonée.

En 1938, K. Blodgett [2] fut capable de transférer une monocouche d'une interface eau - air à un support de verre ou un métal. Elle a utilisé du stéarate de baryum pour couvrir une surface de verre de 44 molécules créant ainsi un film transparent et invisible. Son invention rend le verre beaucoup moins réfléchissant (à plus de 99%). Cet assemblage est connu aujourd'hui sous le nom de films de Langmuir-Blodgett.

Ces films de Langmuir-Blodgett (LB) sont thermodynamiquement instables, puisqu'un simple changement de température peut détruire leur structure dimensionnelle. En 1946, Zisman et al. [3] ont montré que des alkylamines conduisaient à la formation spontanée de monocouches auto-assemblées ou self-assembled monolayers (SAMs) sur un substrat en platine. Depuis, on trouve dans la littérature, un grand nombre de combinaisons adsorbat/ substrat conduisant à la formation de SAM. Il en est ainsi des alkylsulfures sur l'or, des alkyltrichlorosilanes sur le verre ou encore des acides gras sur une surface d'oxyde métallique.

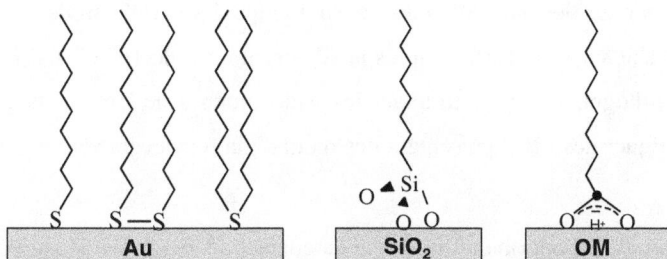

Figure 1 : Monocouches auto-assemblées sur l'or, le verre (SiO$_2$) et un oxyde métallique (OM).

Pour tous ces systèmes, on constate de fortes interactions entre le groupe fonctionnel de l'adsorbat et le substrat, auxquelles s'ajoutent des interactions de type Van der Waals qui permettent l'obtention d'une monocouche dense. Avec la découverte des SAMs sur l'or, le verre ou encore les oxydes métalliques dans les années 1980, diverses techniques analytiques ont été développées pour caractériser ces monocouches comme l'infra rouge, la microscopie à force atomique, les méthodes électrochimiques, les mesures de mouillabilité. Les applications sont diverses et liées aux propriétés que l'on donne à la monocouche. En effet, elle peut avoir des propriétés optiques, électriques ou encore chimiques.

IV-2. Modification de la mouillabilité des films de ZnO par assemblage de molécules d'octadécylsilane

L'orientation des molécules d'alkylsilanes tel que l'ODS n'est pas le seul paramètre qui suscite l'intérêt des chercheurs. La nature de ces molécules et leur caractère hydrophobe sont à l'origine de leur succès et de leur large utilisation en tant que monocouches auto-assemblées capables de modifier la mouillabilité de beaucoup de surfaces.

Balaur et al. [4] ont utilisé l'ODS pour modifier la mouillabilité de films de TiO$_2$ préparés par croissance anodique. Li et al. [5] utilisent l'heptadécafluorodécyltriméthoxysilane (CF$_3$(CF$_2$)$_7$-CH$_2$CH$_2$Si(OCH$_3$)$_3$) pour modifier la mouillabilité des films de ZnO électrodéposés, ils obtiennent pour l'eau un angle de contact de 152,0 ± 2°. Fujishima et al. [6] ont utilisé la même molécule pour l'adsorber sur des nanocolonnes de ZnO préparées par électrodépôt, l'angle de contact de l'eau sur cette surface après la silanisation est de 167,0° ± 0,7°. Ainsi, en utilisant la lithographie et en irradiant les nanocolonnes de ZnO sous UV, ils ont réussi à fabriquer des films présentant des motifs à la fois à caractère hydrophobe ou hydrophile.

Feng et al. [7] ont obtenu un angle de contact de 161,2 ± 1,3° sur des surfaces de ZnO préparées par la méthode sol-gel pour synthétiser du ZnO, et cela sans modification chimique de la surface. En irradiant le film avec une lampe de mercure (500 W), la goutte s'étale complètement rendant le film totalement mouillant. En protégeant le film de la lumière pendant 7 jours, l'angle de contact atteint de nouveau sa valeur initiale.

Dans la suite de ce chapitre, je m'intéresserai plus particulièrement à la modification de la mouillabilité du ZnO par auto-assemblage de molécules d'octadécylsilane (ODS). Je détaillerai la méthode de préparation de ces monocouches ainsi que les résultats d'angles de contact obtenus après modification chimique des différentes morphologies de ZnO pur ou hybride.

IV-3. Choix des composés silicés

Nous avons donc utilisé un composé silicé dont la chaîne hydrocarbonée présente une longueur suffisante pour éviter toute perturbation de support. Le choix des différentes parties de la structure des composés silicés est primordial pour l'obtention de film homogène et pour la réussite du dépôt. Nous avons opté pour l'utilisation de l'octadécylsilane (ou ODS) de formule générale $C_{18}H_{40}Si$, cette molécule possède une longueur suffisante pour protéger les liaisons siloxanes [8] retenant le film avec une extrémité trihydrogénosilane ou SiH_3 [9,10].

L'adsorption de cette molécule a été réalisée sur des surfaces d'oxyde de zinc (ZnO) de structure géométrique contrôlée comme nous avons vu dans le chapitre III.

La modification de la mouillabilité des films de ZnO a été caractérisée par mesures d'angle de contact. Dans un premier temps, nous avons optimisé la silanisation (qualité de la couche adsorbée) en jouant sur le temps d'adsorption et la concentration d'ODS. Ensuite, nous avons caractérisé les surfaces préparées par deux méthodes : la mesure d'angle de contact et l'infra-rouge.

IV-4. Préparation des échantillons et optimisation de la silanisation

Les SAMs ordonnés de silanes sont facilement obtenus par immersion de surfaces de ZnO, fraîchement électrodéposé, pendant plusieurs jours à température ambiante dans des solutions d'ODS dans le toluène à diverses concentrations. Bien que les détails macroscopiques de ces monocouches dépendent peu des conditions de préparation, plusieurs études récentes ont mis en évidence des effets assez importants dûs aux changements de certains paramètres expérimentaux.

Typiquement on a utilisé des solutions d'ODS à des concentrations de 0,05 ; 0,50 ; 5 et 10 mmol L^{-1} dans le toluène. Ces films sont ensuite rincés avec l'acétone et l'eau ultra-pure puis séchés à l'étuve à 70°C pour 24 h. L'angle de contact d'une goutte d'eau en contact avec le substrat est immédiatement mesuré. La valeur d'angle la plus élevée est atteinte dès que la concentration d'ODS est de 5 mmol L^{-1} et pour un temps d'incubation de 56 h. Les différentes valeurs d'angles de contact statiques obtenues après modification des différentes morphologies de ZnO sont résumées dans le tableau 1.

[ZnCl$_2$] mol L^{-1}	Angle de contact $\theta \pm 2°$
5 10^{-3}	117
0,5 10^{-3}	135
0,2 10^{-3}	135
5.10^{-3} + EY (50.10^{-3}) désorbée	134
5.10^{-3} + SDS 300 .10^{-3}	144
5.10^{-3} + SDS 400 .10^{-3}	145
5.10^{-3} + SDS 500 .10^{-3}	138
5.10^{-3} + SDS 600 .10^{-3}	134
Couche tampon 2,5.10^{-3} + croissance 0,2.10^{-3}	173

Tableau 1: Valeurs d'angles de contact mesurées après silanisation de différents films de ZnO préparés par électroréduction en absence et en présence d'EY et de SDS.

Les angles de contact d'avancement et de retrait ont été mesurés sur les films de ZnO pur. Une surface de ZnO (lisse) traitée par l'ODS est prise comme référence. Sur cette dernière, les angles d'avancement θ_A et de retrait θ_R sont respectivement 120°/100°. Les nanocolonnes et les nanotiges de ZnO sont également traitées. Nous n'avons pas étudié en détail la structure de la couche greffée, mais si le traitement est efficace, l'eau va faiblement mouiller ces surfaces surtout dans le cas des nanotiges. Comme nous l'avons déjà indiqué dans le chapitre III, les nanotiges présentent un aspect plus rugueux que les nanocolonnes de ZnO. Elles possèdent un diamètre inférieur à 160 nm et une longueur d'environ = 3,5 µm, leur densité est relativement élevée. Tous ces paramètres sont à l'origine de cette remarquable superhydrophobicité dont le principe sera détaillé au cours du chapitre V. Par spectroscopie infra rouge (voir annexe III), nous avons montré l'assemblage de couches d'octadécylsilane sur la surface de ZnO.

Dans le cas des nanocolonnes, l'angle d'avancement et de retrait atteignent 140°/130°. Cet effet engendre une hystérèse importante de l'angle de contact de l'ordre de 10° qui pourrait provenir du remplissage de l'espace entre les nanocolonnes de liquide lors du recul de la ligne de contact.

Sur les nanotiges, les valeurs de ces deux angles sont plus élevées et se rapprochent 173°/172°. L'hystérèse est presque négligeable ce qui montre une excellente homogénéité de la surface traitée. Le nombre de points d'accroche de la ligne de contact sur la surface diminue lorsqu'on augmente la rugosité des nanostructures induisant la formation de poches d'air entre ces nanostructures ce qui a pour effet de diminuer considérablement la valeur de l'hystérèse.

Tous ces résultats ont fait l'objet de deux publications parues dans *Superlattices and Microstructures* et *Physica E*.

IV-4. Conclusion

Dans ce chapitre, nous avons montré la possibilité de modifier la mouillabilité des films de ZnO par assemblage de molécules d'octadécylsilane. L'amplification de la non-mouillabilité est surtout observable dans le cas de la modification des nanotiges qui présentent une hystérèse très faible. L'étude sera étendue dans le chapitre V pour étudier l'effet d'autres molécules organiques carboxyliques. L'effet de l'orientation des chaînes hydrocarbonées de différents acides sur les mesures de mouillabilité sera discuté. Nous montrerons comment un tel assemblage peut aboutir à des surfaces superhydrophobes avec des angles supérieurs à 170° permettant de protéger le ZnO vis-à-vis des environnements corrosifs.

Références

---

[1] I., Langmuir *J. Am. Chem. Soc.* **1917**, *39*, 1848.

[2] K.B., Blodgett *J. Am. Chem. Soc.* **1935**, *57*, 1007.

[3] W.C., Bigelow ; D.L., Pickett ; W. A. Zisman *J. Colloid Interface Sci.* **1946**, *1*, 513.

[4] E., Balaur ; J. M., Macak ; L., Taveira ; P., Schmuki *Electrochemistry Communications* **2005**, *7*, 1066.

[5] M., Li ; J., Huan ; Y., Song ; L., Jiang ; D., Zhu *J. Phys. Chem. B* **2003**, *107*, 9954.

[6] X-T., Zhang ; O., Sato ; A., Fujishima *Langmuir* **2004**, *20*, 606.

[7] X., Feng ; L., Feng ; M., Jin ; J., Zhai ; L., Jiang ; D. J., Zhu *Am. Chem. Soc.* **2004**, *126*, 62.

[8] F., Chopli ; S., Navarre ; J., Bousabaa ; B., Benneteau ; J.L., Bruneel ; B., Desbat *J. Raman Spectrosc.* **2003**, *34*, 902.

[9] H., Brunner ; T., Vallant ; U., Mayer ; H., Hoffmann ; B., Basnar ; M., Vallant ; G., Friedbacher *Langmuir*, **1999**, *15*, 1899.

[10] J. B., Brzoska ; N., Shahidzadeh ; F., Rondelez *Nature* **1992**, *360*, 719.

Available online at www.sciencedirect.com

ScienceDirect

ELSEVIER   Superlattices and Microstructures 42 (2007) 99–102

Superlattices
and Microstructures

www.elsevier.com/locate/superlattices

Tailoring the wetting behavior of zinc oxide films by using alkylsilane self-assembled monolayers

C. Badre[a], T. Pauporté[b,*], M. Turmine[a,*], D. Lincot[b]

[a] Laboratoire d'Electrochimie et de Chimie Analytique, UMR 7575, UPMC, 4 place Jussieu, 75252 Paris, France
[b] Laboratoire d'Electrochimie et de Chimie Analytique, UMR 7575, ENSCP, 11 rue P. et M. Curie, 75231 Paris cedex05, France

Available online 25 May 2007

Abstract

Zinc oxide (ZnO) films with well-controlled morphologies have been prepared by electrochemical deposition. The different morphologies investigated are (i) flat and compact films, (ii) arrays of hexagonal nanocolumns, (iii) mesoporous films with open pores, and (iv) mesoporous films with pores filled with a surfactant (sodium dodecyl sulfate). Increasing the volume of voids in the film or the roughness gives rise to a dramatic increase in the layer wettability. The presence of surfactant in the film and/or the post-deposition binding of an alkylsilane (octadecylsilane) yield hydrophobic surfaces with contact angles measured as high as 145° after an optimized silane adsorption process.
© 2007 Elsevier Ltd. All rights reserved.

Keywords: Electrodeposition; ZnO nanostructures; Superhydrophobic surface; Wettability

1. Introduction

The wettability of solid surfaces is a very important property governed by both the chemical composition and the geometric features of the surfaces. A surface with water contact angle (CA) larger than 90° is usually referred to as hydrophobic, and one with water CA higher than 140° is qualified as ultrahydrophobic. It is well known that zinc oxide (ZnO) surfaces can be easily engineered to yield attractive functional materials with unique optical and electrical properties. Several approaches using organic monolayers have also been reported in the literature to control

---

* Corresponding author.
  E-mail addresses: thierry-pauporte@enscp.fr (T. Pauporté), turmine@ccr.jussieu.fr (M. Turmine).

0749-6036/$ - see front matter © 2007 Elsevier Ltd. All rights reserved.
doi:10.1016/j.spmi.2007.04.018

the surface wettability of ZnO structures (e.g. [1]). The modification of surface properties by using self-assembled monolayers (SAMs) has emerged as a very attractive method for the control of this property. A SAM can be especially formed on a surface in order to expose certain functions of the molecule, e.g. hydrocarbon chain or amine group, and change the surface energy. In the present work, the silanization process on electrodeposited ZnO films has been optimized, and the wetting properties of films, with different morphologies, modified by octadecylsilane ($C_{18}H_{37}SiH_3$) have been investigated.

2. Experimental

ZnO films were prepared by cathodic electrodeposition on an F-doped SnO_2-coated glass in a standard three-electrode reactor at 70 °C, using an aqueous solution of 0.2 mM, 0.5 mM, 5 mM $ZnCl_2$ (reagent grade, Merck) and 0.1 M KCl (reagent grade, Merck), saturated with O_2 by bubbling [2]. The deposition time (t_d) was 90 min, 60 min and 20 min respectively. ZnO/eosin Y (ZnO/EY) and ZnO/sodium dodecyl sulfate (ZnO/SDS) hybrid films were prepared in a bath containing $ZnCl_2$ 5 mM, 50 μM of eosin Y deposited for 15 min and 400 μM SDS deposited for 20 min respectively. The ZnO/EY films were subsequently soaked in a dilute NaOH solution at pH = 10.5 in order to remove EY molecules and obtain porous almost pure ZnO films [3]. All these films were treated with octadecylsilane (ODS, 97% Aldrich) in toluene at three different concentrations: 0.05, 0.5 and 5 mM. The samples were placed in beakers filled with ODS solution, and left at room temperature in the dark. After a given time, they were taken out, rinsed with toluene, acetone and ultrapure water, then dried under nitrogen gas flow and kept in an oven at 70 °C overnight.

The surface morphology of the ZnO films was observed by scanning electron microscopy (Leica, Stereoscan 440). Contact angle measurements were determined with a DSA10 (KRÜSS Instrument) in an environmental chamber under ambient conditions (25 ± 1 °C). Four different surfaces prepared in the same conditions and at the same time were used to acquire contact angle data. Small drops (1.5 μL) at different spots on the surface were measured for each sample to verify the uniformity. The adopted data corresponds to the stable mean value of the angle. The uncertainties on the measurements were within ±2° of the reported value. Hereinafter, the ZnO films prepared for example from a concentration of 5 mM $ZnCl_2$ are denoted ZnO (5 mM).

3. Results and discussion

3.1. Morphologies of the ZnO films

The ZnO films (5 mM, t_d = 20 min) are compact (Fig. 1(a)). They present a good smoothness and are optically transparent. The scanning electron microscope view also shows that the substrate is covered with hexagonal facets (Fig. 1(a)). When the concentration of $ZnCl_2$ in the solution is decreased down to 0.2 or 0.5 mM, the film morphologies change dramatically (Fig. 1(b)). They are made by a highly uniform and densely packed array of hexagonal nanorods with dimensions of about 200 nm in width and 1 μm in length. The films deposited with SDS look denser and are made of aggregated platelets (Fig. 1(c)). They have been shown in Ref. [8] to be mesoporous, with pores filled with the surfactant. The films prepared in the presence of EY additive and subsequently desorbed have also been well described elsewhere [4]. After EY elimination, mesopores are also present. The surface developed was measured with the BET method at 150 cm^2/cm^2 for a film with a thickness of about 2 μm.

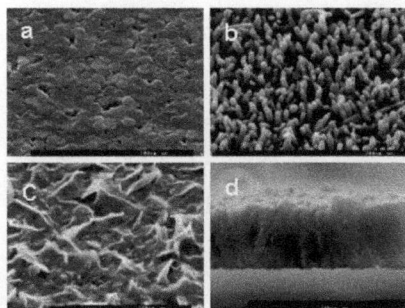

Fig. 1. Scanning electron micrographs of ZnO films. (a) ZnO (5 mM). (b) ZnO (0.2 mM). (c) ZnO (400 μM SDS). (d) Desorbed ZnO/EY film treated with 50 μM ODS.

Table 1
Water contact angle for different electrodeposited ZnO films before and after covering with ODS (treatment with 5 mM)

	$\theta°$ as-deposited sample	$\theta°$ after silane treatment
ZnO 5 mM	80	117
ZnO 0.5 mM	~0	135
ZnO 0.2 mM	~0	135
ZnO/EY desorbed	~0	134
ZnO/SDS	122	145

3.2. Contact angle measurements

The wettability was evaluated by the water contact angle measurement for freshly prepared samples. The silanization process was optimized and the results show that the highest angles were obtained with 5 mM ODS for 4 to 10 days. For longer time exposure, ODS aggregates are formed on the oxide films. Table 1 summarizes the CA values before and after silanization with ODS in these conditions.

The ZnO (5 mM) film can be considered as the reference surface due to its compactness and smoothness. The contact angles on these films were 80° before and 117° after silanization with ODS. By modifying the nanorod ZnO layers (0.2 or 0.5 mM) with ODS, the wetting behavior changed remarkably. The original superhydrophilic surface (Fig. 2(a)) became hyperhydrophobic with a water CA of about 135° (Fig. 2(b)). The high value of CA can be explained adopting an approach close to that proposed by Wenzel [5] with or without a Cassie–Baxter grid effect [6]. Our results are in line with the literature, where high hydrophobicity is reported with this type of molecules on rough surfaces [7].

The mesoporous desorbed ZnO/EY film behavior was very similar to that of the nanorod films. The CA was measured as 0° before alkylsilane treatment and 134° after. In the case of ZnO/SDS layer, the initial contact angle value was higher than the CA measured on a flat ZnO layer. This result can be explained by the interaction between the anionic headgroups of SDS and the oxide under our deposition conditions. The long chain of the SDS molecule is likely at

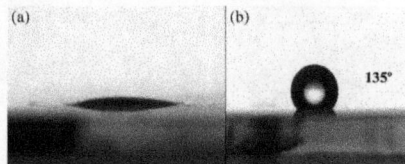

Fig. 2. Optical photograph of a water droplet on the ZnO (0.5 mM) nanorod surface before (a) and after (b) treatment in 5 mM ODS solution for ten days.

the origin of this hyperhydrophobicity. After treatment with ODS, the CA increased significantly and reaches 145°. The surface was ultrahydrophobic because ODS molecules interact with the SDS uncovered ZnO surfaces and this gives rise to a higher hydrophobicity. SDS incorporated in the as-deposited ZnO/SDS films could be removed by extraction with ethanol for 24 h; however, it appears that the elimination was not complete since after this treatment the CA remained high, at about 90°.

4. Conclusion

In summary, we have reported a simple method to control the wettability of electrodeposited ZnO surfaces. One can change both the film porosity and roughness, and the ODS concentration and treatment duration. Hyperhydrophobic behaviors were obtained on nanorod surfaces and porous ZnO layers prepared with EY additive. Ultrahydrophobic surfaces were obtained by treating ZnO/SDS hybrid surfaces with ODS. The hyperhydrophobicity remained stable even after long storage times (2 months) in the dark, under normal atmosphere conditions.

References

[1] L. Mei, J. Zhai, H. Liu, Y. Song, L. Jiang, D. Zhu, J. Phys. Chem. B 107 (2003) 9954.
[2] A. Goux, T. Pauporté, J. Chivot, D. Lincot, Electrochim. Acta 50 (2005) 2239.
[3] T. Yoshida, M. Iwaya, H. Ando, T. Oekermann, K. Nonomura, D. Schlettwein, D. Wöhrle, H. Minoura, Chem. Commun. (2004) 400.
[4] T. Pauporté, T. Yoshida, D. Komatsu, H. Minoura, Electrochem. Solid State Lett. 9 (2006) H16.
[5] R.N. Wenzel, Ind. Eng. Chem. 28 (1936) 988.
[6] A.B. Cassie, S. Baxter, Trans. Faraday Soc. 40 (1944) 546.
[7] I. Klingenfuss, R. Hofer, G. Hahner, Langmuir 17 (2001) 7047.
[8] E. Michaelis, D. Wöhrle, J. Rathousky, M. Wark, Thin Solid Films 497 (2006) 163.

Available online at www.sciencedirect.com

ScienceDirect

ELSEVIER

Physica E 40 (2008) 2454–2456

PHYSICA E

www.elsevier.com/locate/physe

Water-repellent ZnO nanowires films obtained by octadecylsilane self-assembled monolayers

C. Badre[a],*, T. Pauporté[b],**, M. Turmine[a], P. Dubot[c], D. Lincot[b]

[a]Laboratoire d'Electrochimie et de Chimie Analytique, UMR 7575, UPMC, 4 Place Jussieu, 75252 Paris, France
[b]ENSCP, 11 rue P. et M. Curie, 75231 Paris Cedex 05, France
[c]Laboratoire de Physicochimie des Surfaces, UMR 7045, ENSCP, France

Available online 11 October 2007

Abstract

Zinc oxide (ZnO) films with well-controlled morphologies have been prepared by electrochemical deposition. A seed layer of nanocrystallites of ZnO was prepared from which ZnO nanowires were grown from a low concentration of $ZnCl_2$. The nanowires are rough and dense and their superhydrophilicity is enhanced. A treatment with an alkylsilane (octadecylsilane) yields superhydrophobic surfaces with very high advancing and receding contact angles 173°/172° and a very low roll-off angle. Our superhydrophobic films are stable for more than 6 months.
© 2007 Elsevier B.V. All rights reserved.

PACS: 68.37−d; 81.07.−b; 81.16.Dn

Keywords: ZnO nanowires; Electrodeposition; Water-repellent films; Octadecylsilane

1. Introduction

Surface wettability is a very important property governed by both the chemical composition and the geometric features of the surfaces. In the past years, the water-repellent behavior of the so-called Lotus effect has inspired many researchers to prepare superhydrophobic surfaces. Such surfaces are characterized by a high water contact angle (CA) ∼160° and have recently found many practical applications in microfluidic devices [1] and in protective and/or self-cleaning coatings [2,3]. They can be produced in two ways: preparing a rough surface and/or modifying a rough surface with low surface energy compounds such as alkylsilanes. It is well known that zinc oxide (ZnO) surfaces can be easily engineered to yield attractive functional materials with unique optical and electrical properties. Self-assembled layers of organic molecules were often used to switch the surface wettability of ZnO structures [4].

In the present work, electrodeposited ZnO nanowires have been synthesized in two steps. Different methods of preparing ZnO superhydrophobic surfaces have been used, for example Zhang et al. [5] have obtained a CA of 167° after treating ZnO nanorods by a fluoroalkylsilane but the maximum static CA measured on ZnO was achieved on a micro-nanobinary structure where a value of 170° was found [6].

The wetting properties of our nanowires were characterized before and after treatment with octadecylsilane ($C_{18}H_{37}SiH_3$). In our case, the superhydrophobic behavior is referred to the double-scale roughness of the nanowires as well as the low surface energy compound of octadecylsilane (ODS).

2. Experimental

ZnO films were prepared by cathodic electrodeposition on an F-doped SnO_2-coated glass in a standard three-electrode reactor. Smooth ZnO films were synthesized from a $ZnCl_2$ 5 mM solution for 20 min, as described in our previous work [4,7]. The rough films were prepared in two steps: firstly, a seed layer of ZnO nanocrystallites was

*Corresponding author. Tel.: +33 144273676; fax: +33 144273035.
**Also to be corresponded to.
E-mail addresses: badre@ccr.jussieu.fr (C. Badre),
thierry-pauporte@enscp.fr (T. Pauporté).

1386-9477/$ - see front matter © 2007 Elsevier B.V. All rights reserved.
doi:10.1016/j.physe.2007.10.016

synthesized at room temperature [8,9]. Then, ZnO nano-wires were grown from a 0.2 mM ZnCl$_2$ (reagent grade, Merck) solution at 80 °C and 0.5 M KCl (reagent grade, Merck), saturated with O$_2$ by bubbling [4].

All these films were treated with 5 mM ODS (97%, Aldrich) prepared in toluene, as mentioned in our previous work [4]. The surface morphology of the ZnO films was observed by scanning electron microscopy (SEM; Zeiss ultra 55) operated at 8 kV. All FTIR spectra were obtained from 125 scans at 4 cm^{-1} resolution with a Nicolet Nexus FTIR spectrometer.

CA measurements were determined on a DSA10 (Krüss instrument) in an environmental chamber under ambient condition (25 ± 1 °C). At least, five films prepared in the same conditions and at the same time were used to acquire CA data. Advancing and receding CAs were measured by adding water to and withdrawing from the droplet. Different spots on the surface were tested to verify the uniformity. The adopted data corresponds to the stable mean value of the angle. The uncertainties on the measurements were within ± 2° of the reported value.

3. Results and discussion

The SEM micrographs of the as-prepared ZnO films are presented in Fig. 1. They consist of high-density (15 μm^{-2}) elongated nanowires on the buffer layer. Their average dimensions are 3.5 μm in length and 160 nm in width, giving a high aspect ratio of more than 20 [9]. They have a hexagonal cross-section (inset in Fig. 1).

CA measurements were done on several freshly prepared samples. As a surface reference, we choose the ZnO (5 mM) film because of its compactness and smoothness. The CAs on these films were 80° before and 117° after silanization with ODS. As expected, the modification of the chemical nature of the ZnO film has an effect on its wetting behavior. The ZnO film changed from a hydrophilic film to a hydrophobic one.

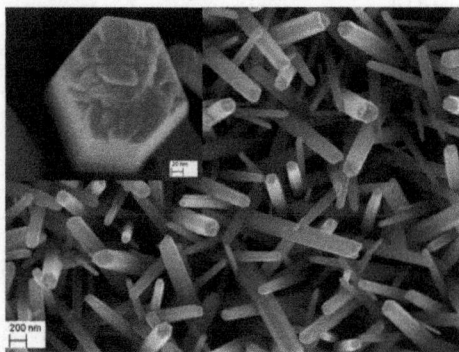

Fig. 2. (a) Water drop spreading on a superhydrophilic ZnO nanowire and (b) advancing contact angle on an ODS-modified ZnO surface.

Once structured, the smooth ZnO film becomes rough. Before any adsorption and as a result of their high roughness, the nanowires are superhydrophilic and show a CA of about 0°. The CA value was unchanged even after an annealing at 400 °C in air for 1 h. Therefore, the low CA is neither due to a zinc hydroxide layer on the rod surface nor due to oxygen defects which are annealed by the heating treatment [10]. After treatment with ODS, the wettability of the nanowires changed remarkably. The initial hydrophobic ZnO smooth film reaches very high CAs once structured and modified with the organic molecule. We had measured a very high advancing CA ~173° and a very close receding CA ~172° (Fig. 2). The hysteresis defined as the difference between θ_a and θ_r ~1° shows an excellent homogeneity of the modified surfaces. In this case, it is attributed to the low contact area between the solid and the liquid droplet.

In a previous work [4], we have shown that ZnO nanorods can be turned into hyperhydrophobic surfaces by adsorbing ODS molecules, the CA reaching 135°. In this work, nanowires seem to be more convenient to prepare superhydrophobic surfaces. They are rougher and denser than the nanorods, and their double-scale roughness, as shown in the inset in Fig. 1, seems to play an important role in their superhydrophobic behavior. As detailed in Section 1, a hierarchical structure is required to prepare such surfaces. These interesting features allow a large amount of air to be entrapped between the wires as explained by the Cassie–Baxter approach [11]. To our best knowledge, this is the highest CA value obtained with an alkylsilane on a ZnO film. Our surfaces possess also self-cleaning properties, once put on the modified film the water droplet rolls off immediately.

The adsorption of ODS on ZnO was confirmed by FTIR spectroscopy. Adsorption bands corresponding to the CH stretching mode peaks in the 2800–3000 cm^{-1} range are seen. Two sharp peaks at about 2916 cm^{-1} ν_a(CH$_3$) and 2850 cm^{-1} ν_a(CH$_2$) are detected. Another peak at 1100 cm^{-1} could be identified as the vibrational mode of Si–O–Zn.

4. Conclusion

In this paper, we have reported a simple and effective method to prepare highly water-repellent ZnO films. A

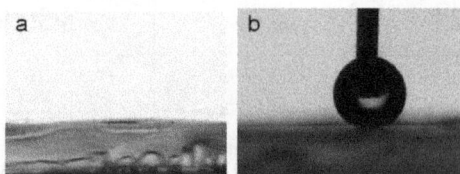

Fig. 1. Low-magnification FE-SEM images of the as-prepared ZnO nanowires film. Inset: high-magnification view of a nanowire tip.

very high advancing CA 172°, a very low hysteresis ~1° and a very low roll-off angle are observed. This is the highest CA ever observed on ZnO films modified with an alkylsilane. The superhydrophobicity remained stable even after long storage times (more than 6 months) under normal atmosphere conditions and UV light illumination. Actually, this work is continued in order to study the stability of these films under UV light illumination. Until now, experiences made on ZnO nanorods modified with ODS show no effect of illumination on CA measurements.

References

[1] M. Majumder, N. Chopra, R. Andrews, B.J. Hinds, Nature 44 (2005) 438.
[2] R. Fürstner, W. Barthlott, C. Neinhuis, P. Walzel, Langmuir 21 (2005) 956.
[3] H. Kind, J.M. Bonard, C. Emmenegger, L.O. Nilsson, K. Hernadi, E. Maillard-Schaller, L. Schlapbach, L. Forró, K. Kern, Adv. Mater. 11 (1999) 1285.
[4] C. Badre, T. Pauporté, M. Turmine, D. Lincot, Superlattices Microstruct. 42 (2007) 99.
[5] X.T. Zhang, O. Sato, A. Fujishima, Langmuir 20 (2004) 6065.
[6] J. Zhang, W. Huang, Y. Han, Langmuir 22 (2006) 2946.
[7] (a) C. Badre, T. Pauporté, M. Turmine, D. Lincot, J. Colloid Interface Sci., doi:10.1016/j.jcis.2007.07.046;
    (b) A. Goux, T. Pauporté, J. Chivot, D. Lincot, Electrochim. Acta 50 (2005) 2239.
[8] C. Lévy-Clement, J. Elias, R. Tena-Zaera, Proc. SPIE 6340 (2006).
[9] C. Badre, T. Pauporté, M. Turmine, D. Lincot, Nanotechnology 18 (2007) 365705.
[10] T. Pauporté, F. Pellé, B. Viana, P. Aschehoug, J. Phys. Chem. C 111 (2007) 7639.
[11] A.B. Cassie, S. Baxter, Trans. Faraday Soc. 40 (1944) 546.

Chapitre V

Modification de la mouillabilité des films de ZnO par assemblage de molécules d'acides gras

V-1. Introduction

Nous désignons par superhydrophobe, le cas extrême où l'angle est très voisin de 180° (supérieur à 160° dans la pratique). L'élaboration de surfaces superhydrophobes est directement inspirée des feuilles de lotus dont l'extrême hydrophobie fait rouler comme des billes toute goutte d'eau tombant sur leur surface. Grâce à cet "effet lotus", mis en évidence par Barthlott et Neinhuis [1] en 1997, la surface se nettoie d'elle-même car les gouttes emportent sur leur passage saletés et bactéries. Ces auteurs [2] ont caractérisé et discuté le cas de plusieurs plantes à caractère superhydrophobe et autonettoyant avérés.

"Elle (la goutte d'eau) se referme sur elle-même ", raconte Philippe Belleville du centre CEA Le Ripault, "Comme un hérisson en danger qui se met en boule pour limiter son interaction avec le milieu extérieur, une goutte va adopter la forme la plus ronde possible pour minimiser les points de contact avec une surface (hydrophobe), avec laquelle elle n'a pas d'affinité" [3].

Une étude approfondie de la structure des feuilles de lotus a été menée par une équipe du laboratoire de recherche de "General Motors" au Michigan. On savait déjà que la feuille de lotus devait ses propriétés à une structure à deux niveaux : des rugosités de taille micrométriques comme montre le cliché de la figure 1 et un tapis de poils nanométriques ainsi qu'à une composition chimique de la surface proche de la cire.

L'équipe du prof. Hayden [4] a montré l'importance de chaque structure sur l'hydrophobie. L'angle de contact que fait une goutte d'eau sur une feuille de lotus est de 142° (une surface est généralement considérée hydrophobe lorsque cet angle dépasse 90°) ce qui signifie que la surface de contact est très faible. Le contact est également minimisé par un coussin d'air piégé sous la goutte à l'intérieur des rugosités.

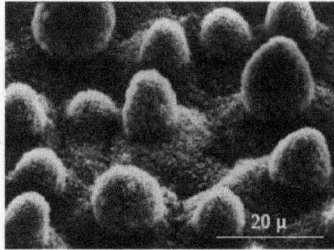

Figure 1: Surface d'une feuille de lotus présentant deux échelles de rugosité, cliché tiré de la ref. [1].

Lorsque le tapis de poils est éliminé par chauffage à 150°C et qu'il ne reste que les rugosités micrométriques, cet angle n'est plus que de 126°. Une feuille de lotus débarrassée de toutes rugosités possède un angle de contact de 74°. Les auteurs se sont assurés que la composition chimique de la surface était inchangée en dessous de 200°C grâce à des techniques de spectroscopie infrarouge et d'analyse thermogravimétrique. L'ensemble des expériences a été réalisé sur une feuille de lotus déshydratée dont les propriétés sont très proches de la forme hydratée.

Il s'agit de dupliquer ce phénomène en déposant sur le verre "de microscopiques cils polymères, en plastique, de quelques nanomètres de longueur". Plusieurs équipes développent actuellement des revêtements nanomodifiés inspirés du monde végétal, en particulier du comportement des feuilles de lotus [5,6,7]. Ces surfaces artificielles, fabriquées à partir de nanomatériaux par biomimétisme, c'est-à-dire en imitant la nature, constituent un enjeu industriel considérable car les applications sont nombreuses. Dans un premier temps, cette technique pourrait être appliquée sur de petites surfaces telles que les verres de protection des objectifs des appareils photographiques ou encore des hublots. Ensuite, le candidat idéal serait le pare-brise des voitures, suivi des casques de moto et des vitres de nos fenêtres pour pouvoir regarder la pluie tomber au-dehors en toute visibilité. Les essuie-glaces pourraient un jour devenir des accessoires pratiquement inutiles lorsque les pare-brises seront dotés de cils ou recouverts d'un film empêchant l'étalement des gouttes de pluie. Les gouttes d'eau s'étalent sur une surface lisse, mais sur la feuille de lotus bardée d'aspérités, elles gardent leur forme sphérique sans s'étaler car soutenues par les piliers, elles glissent comme sur un coussin d'air. Cette dernière propriété est commune à de très nombreux autres espèces végétales (choux, feuilles de nénuphars…) et animales (plumes de canards, ailes de papillons…).

A partir de l'observation de la nature et de l'abondante littérature sur le sujet, nous avons élaboré des surfaces de ZnO superhydrophobes en les structurant d'une part et en modifiant leur nature par adsorption d'un acide gras à longue chaîne hydrocarbonée. Nous nous sommes particulièrement intéressés à l'effet de la conformation des chaînes d'acides gras sur la superhydrophobicité des nanocolonnes de ZnO. Nous avons obtenu ainsi des surfaces d'oxyde de zinc superhydrophobes caractérisées par un angle de contact très élevé dont la valeur (176°) n'a jamais été rapportée sur un oxyde et plus particulièrement sur l'oxyde de zinc.

V-2. Films de ZnO recouverts d'acide gras saturés et insaturés

Des surfaces de ZnO de rugosité bien contrôlée par électrodéposition ont été préparées (voir chapitre III). Dans le chapitre IV, nous avons décrit la façon dont ces nanostructures sont rendues hydrophobes par fixation de l'octadécylsilane (ODS). L'inconvénient de l'ODS réside dans le fait qu'elle est soluble dans un solvant toxique, le toluène. Une alternative efficace et peu onéreuse permet de réaliser de telles surfaces avec des molécules non toxiques et moins chères comme les acides gras. Ces molécules ont la même longueur de chaîne que l'ODS mais leur extrémité réactive comporte une fonction acide à la place du groupement silane.

V-2-1. Adsorption d'acides gras sur des nanocolonnes de ZnO

Les surfaces de ZnO sont rendues hydrophobes en plongeant les films dans des solutions d'acides gras préparés dans l'éthanol. Ces acides à très longues chaînes sont des composés importants que l'on trouve dans les organismes végétaux et animaux. Ils entrent notamment dans la composition des cires cuticulaires recouvrant les parties aériennes des plantes. Dans ce travail, nous avons utilisé trois types d'acides : l'acide stéarique qui est un acide saturé, ainsi que deux isomères : l'acide élaïdique et l'acide oléïque, qui possèdent respectivement une double liaison en trans et en cis sur le carbone 9. Ils sont capables de s'auto-assembler sur le substrat via leur tête polaire (fonction COOH) présentant ainsi leur longue chaîne à l'interface (figure ci-dessus)

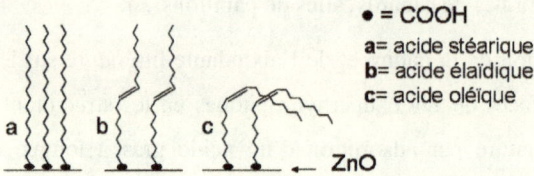

• = COOH
a= acide stéarique
b= acide élaïdique
c= acide oléïque

Nous avons mesuré l'évolution de l'angle de contact en fonction du temps d'immersion de l'échantillon dans la solution d'acide correspondante (Figure 2). Pour cela, on procède comme suit : l'échantillon est plongé dans la solution puis retiré, rincé, séché pour enfin en mesurer l'angle de contact. L'opération est répétée pendant 30 h.

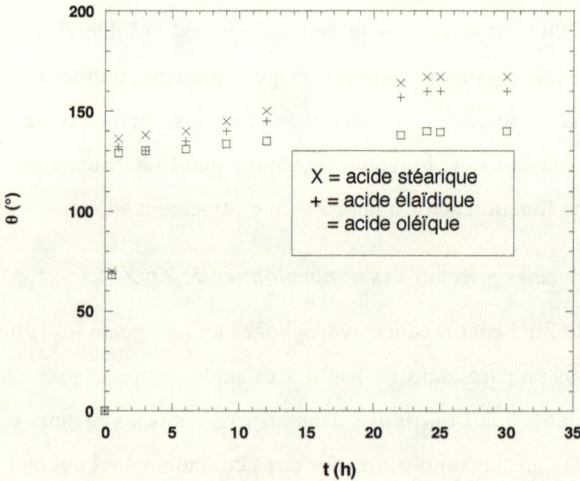

Figure 2 : Evolution de la valeur d'angle de contact mesurée sur trois surfaces formées de nanocolonnes de ZnO en fonction du temps d'ímmersion dans les trois solutions d'acides.

Cette étude montre que l'adsorption de ces acides sur les nanocolonnes de ZnO est rapide. Au bout d'une heure, l'angle atteint des valeurs respectivement égales à 136°, 132° et 130° dans le cas de l'acide stéarique, élaïdique et oléïque. La saturation n'est atteinte pour les trois d'acides qu'au bout de 24 h. Des temps plus longs montrent une agrégation de particules d'acides sur le film. Celles-ci sont observables à l'œil nu.

L'adsorption de ces acides a été mise en évidence par spectroscopie infra rouge (spectres d'infra rouge des différents acides sur ZnO attachés en annexe III) et les mesures d'angles de contact. Tous les résultats sont commentés et discutés dans l'article attaché à ce chapitre publié dans *Journal of Colloid and Interface Science*.

Références

---

[1] W., Barthlott ; C., Neinhuis *Planta* **1997**, *202*, 1.

[2] C., Neinhuis ; W., Barthlott *Ann Bot*. **1997**, *79*, 667.

[3] Paris AFP, Funny News, **2004**.

[4] Extrait du BE Etats-Unis N°23 - Ambassade de France aux Etats-Unis.

[5] R., Fürstner ; W., Barthlott ; C., Neinhuis ; P., Walzel *Langmuir* **2005**, *21*, 956.

[6] T., Sun ; L., Feng ; X., Gao; L., Jiang *Acc. Chem. Res*. **2005**, *38*, 644.

[7] J., Pacifico ; K., Endo ; S., Morgan ; P., Mulvaney *Langmuir* **2006**, *22*, 11072.

Available online at www.sciencedirect.com

ScienceDirect

Journal of Colloid and Interface Science 316 (2007) 233–237

JOURNAL OF
Colloid and
Interface Science

www.elsevier.com/locate/jcis

ELSEVIER

Effects of nanorod structure and conformation of fatty acid self-assembled layers on superhydrophobicity of zinc oxide surface

Chantal Badre [a], P. Dubot [c], Daniel Lincot [b], Thierry Pauporte [b], Mireille Turmine [a,*]

[a] Université Pierre et Marie Curie-Paris 6, LECA, UMR 7575, case 39, 4 place Jussieu, 75252 Paris cedex 05, France
[b] Ecole Nationale Supérieure de Chimie Paris, LECA, UMR 7575, 11 rue Pierre et Marie Curie, 75231 Paris cedex 05, France
[c] Ecole Nationale Supérieure de Chimie Paris, Laboratoire de Physicochimie des Surfaces, UMR 7045, 11 rue Pierre et Marie Curie,
75231 Paris cedex 05, France

Received 12 April 2007; accepted 11 July 2007

Available online 27 July 2007

Abstract

Superhydrophobic surfaces have been prepared from nanostructured zinc oxide layers by a treatment with fatty acid molecules. The layers are electrochemically deposited from an oxygenated aqueous zinc chloride solution. The effects of the layer's structure, from a dense film to that of a nanorod array, as well as that of the properties of the fatty acid molecules based on C18 chains are described. A contact angle (CA) as high as 167° is obtained with the nanorod structure and the linear saturated molecule (stearic acid). Lower values are found with molecules having an unsaturated bond on C9, in particular with a *cis* conformation (140°). These results, supplemented by infrared spectroscopy, indicate an enhancement of the sensitivity to the properties of the fatty acid molecules (conformation, flexibility, saturated or not) when moving from the flat surface to the nanostructured surface. This is attributed to a specific influence of the structure of the tops of the rods and lateral wall properties on the adsorption and organization of the molecules. CA measurements show a very good stability of the surface in time if stored in an environment protected from UV radiations.
© 2007 Elsevier Inc. All rights reserved.

Keywords: Biomimetic; Superhydrophobic zinc oxide; Electrodeposition; Surface derivatization; Fatty acids orientation; Well-packed monolayers

1. Introduction

Fascinating superhydrophobic surfaces can be found in nature, for example, the well-known lotus leaves or Lepidoptera wings [1,2]. On theses surfaces, the contact angle (CA) of water can be as high as 160°. It is widely accepted that this property is due to the special micro/nanobinary structure and the epicuticular wax [1,2]. Superhydrophobic surfaces have recently attracted great interest for their many practical applications [3]. In general, materials combining high surface roughness [4,5] and low surface energy terminal groups, such as –CF$_3$ [6], are required for superhydrophobicity [7]. A large variety of methods [8–10] have been reported for their fabrication and many materials were used to produce superhydrophobic surfaces [11–13]. Herein, we describe a very simple low-cost method for prepar-

ing artificial superhydrophobic surfaces. ZnO was chosen as host substrate due to its unique optical, electronic, and structural properties [14]. In our case, superhydrophobicity has been reproduced by combining the electrodeposition of nanostructured ZnO [15] and subsequent surface derivatization with low cost fatty acid molecules. Fatty acids are among the essential components of wax fabricated by plants [1,2]. When their chain length increases, they become insoluble in water and can organize as molecular film on the air–water interface, or even form micelles. All these characteristics give them their wetting and lathering properties. Three different C$_{18}$ fatty acids (FA), namely stearic, oleic, and elaidic, were chosen. Stearic acid has a saturated flexible hydrocarbon chain that can stretch out into a long zig-zag. Oleic and elaidic acids are two unsaturated forms of the stearic acid. They present a *cis* and *trans* double bond, respectively, on carbon 9. We extend this study by investigating the influence of the alkyl conformation chain of these FA on CA values. CA is usually used to follow the assembly of

* Corresponding author. Fax: + 33 (0)1 44 27 30 35.
  E-mail address: turmine@ccr.jussieu.fr (M. Turmine).

0021-9797/$ – see front matter © 2007 Elsevier Inc. All rights reserved.
doi:10.1016/j.jcis.2007.07.046

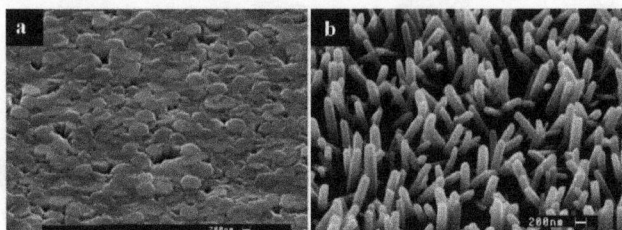

Fig. 1. Scanning electron micrographs (SEM) at 45° of ZnO electrodeposited films prepared from (a) 5 mM ZnCl$_2$ and (b) 0.5 mM ZnCl$_2$ solutions.

molecules with long methyl-terminated alkane chains on oxide surfaces. In the present work, superhydrophobic surfaces have been prepared with CA as high as 167° measured in the case of derivatization with stearic acid.

2. Materials and methods

ZnO films were prepared by cathodic electrodeposition on a F-doped SnO$_2$-coated glass in a standard three-electrode reactor at 70 °C, using an aqueous solution of 0.5 or 5 mM ZnCl$_2$ (reagent grade, Merck) and 0.1 M KCl (reagent grade, Merck), saturated with O$_2$ by bubbling. The global deposition reaction is written [15–17]: $\frac{1}{2}O_2 + Zn^{2+} + 2e^- \rightarrow ZnO$. The counter-electrode was a zinc wire and the reference was a saturated calomel electrode (SCE). The applied potential was -1 V vs SCE. The deposition times were 60 and 20 min with 0.5 and 5 mM ZnCl$_2$, respectively.

Zinc metal substrates were polished and anodized under the same conditions as above to form ZnO thin films. They were directly modified by the fatty acids to minimize the effect of different ambient exposure.

The fatty acids used were purchased from Fluka. Stearic acid ($C_{18}H_{36}O_2$), oleic acid, and elaidic acid ($C_{18}H_{34}O_2$) solutions were prepared in absolute ethanol at a concentration of 5 mM. All the samples were immersed in these solutions at room temperature for 24 h. Then, they were taken out, rinsed with ethanol, dried at ambient temperature, and kept in a clean place.

The surface morphology of the ZnO films was observed by scanning electron microscopy (Leica, Stereoscan 440). The method used in the IR absorption experiments is based on the polarization modulation infrared reflexion absorption spectrometry (PM-IRRAS). All FTIR spectra were obtained from 125 scans at 4 cm^{-1} resolution with a Nicolet Nexus FTIR spectrometer. The samples were diluted in dry KBr and pressed as a pellet at a pressure of 5 tons.

CA measurements were determined on a Model DSA10 (Krüss instrument) in an environmental chamber saturated with water vapor under ambient conditions (25 ± 1 °C). Different samples prepared under the same conditions were studied. CAs were measured at different places on each sample and after stabilization with time as we reported in a previous work [18]. The uncertainties on the measurements were within $\pm 2°$ of the reported value.

Table 1
Water CA values for different electrodeposited ZnO films before (as-prepared) and after covering with different fatty acids

[ZnO] (mM)	As-prepared (°)	Stearic acid (°)	Elaidic acid (°)	Oleic acid (°)
0.5	2	167	160	140
5	80	127	123	120

Note. The uncertainties on the measurements were within $\pm 2°$.

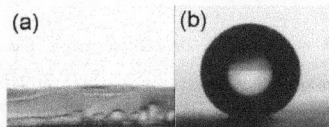

Fig. 2. Optical photographs of water droplets (1.5 µl) on a nanostructured ZnO film (a) before and (b) after treatment with stearic acid.

3. Results and discussion

The surface morphologies of two different ZnO films prepared by electrodeposition are shown in Fig. 1. A 5 mM zinc chloride (ZnCl$_2$) bath concentration was used and resulted in transparent and smooth films (Fig. 1a). The SEM image also shows that the substrate is covered with hexagonal facets ((0002) plane of hexagonal ZnO) [19,20]. In Fig. 1b, the synthesis conditions were the same, but ZnCl$_2$ concentration was decreased to 0.5 mM, giving rise to a dramatic change in the film morphology [19]. The substrate is covered by a highly uniform and densely packed array of hexagonal nanorods with dimensions of about 180 nm in width and 1.2 µm in length. The average distance between nanorods is about 380 nm, and therefore the density of nanorods is about 7/µm^2.

The wettability of the as-deposited films was investigated by CA measurements and the results are summarized in Table 1. The CA values are found to depend dramatically on the surface morphology. The CA on a flat (0002) oriented ZnO surface [19] is 80°. When the concentration of ZnCl$_2$ was decreased, the hydrophilic surface turned to superhydrophilic with a CA of about 2° (Fig. 2a).

All these surfaces were covered by the different FA molecules. On the flat (0002) oriented ZnO, the surface became hydrophobic. On these surfaces, a slight CA variation was observed for different FA, with values ranging between 120° and

127°. The highest angle was reached with stearic acid. However, much higher angles were obtained with the nanostructured ZnO substrate made of nanorods. We can find perpendicular, sharp, or tilted nanorods as represented in Fig. 3A, exposing not only the (0002) plane but also a family of $\{01\bar{1}0\}$ planes. All

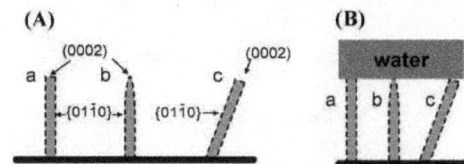

Fig. 3. (A) Scheme of crystallographic planes of hexagonal ZnO: (a) perpendicular nanorod, (b) sharp nanorod, (c) tilted nanorod. (B) Schematic view of the droplet waterline on highly hydrophobic nanorods of different shapes.

these planes are covered with FA. One can note a value as high as 167° with stearic acid (see Table 1). Such a remarkable contact angle is close to that observed in nature on lotus leaves. The superhydrophobic behavior of these structures originates from the combination of the hydrophobic character of the FA molecules and the nanostructure of the ZnO substrate (Fig. 3B). The formation of FA monolayers by interaction of their carboxylate groups with ZnO has been confirmed by FTIR spectroscopy analysis. Table 2 represents the wavenumber of the peaks observed on the spectra of ZnO–FA-modified nanorods.

All these peaks were found in the case of the adsorption of the three acids. No shifts between the peaks were observed, but only higher and sharper $\nu_a(CH_3)$ and $\nu_a(CH_2)$ peaks were detected in the case of stearic acid between 2800 and 3000 cm^{-1}; however, the lowest intensities for these peaks were found in the case of oleic acid. We compared these results to those obtained on flat anodized zinc metal substrates taken as ref-

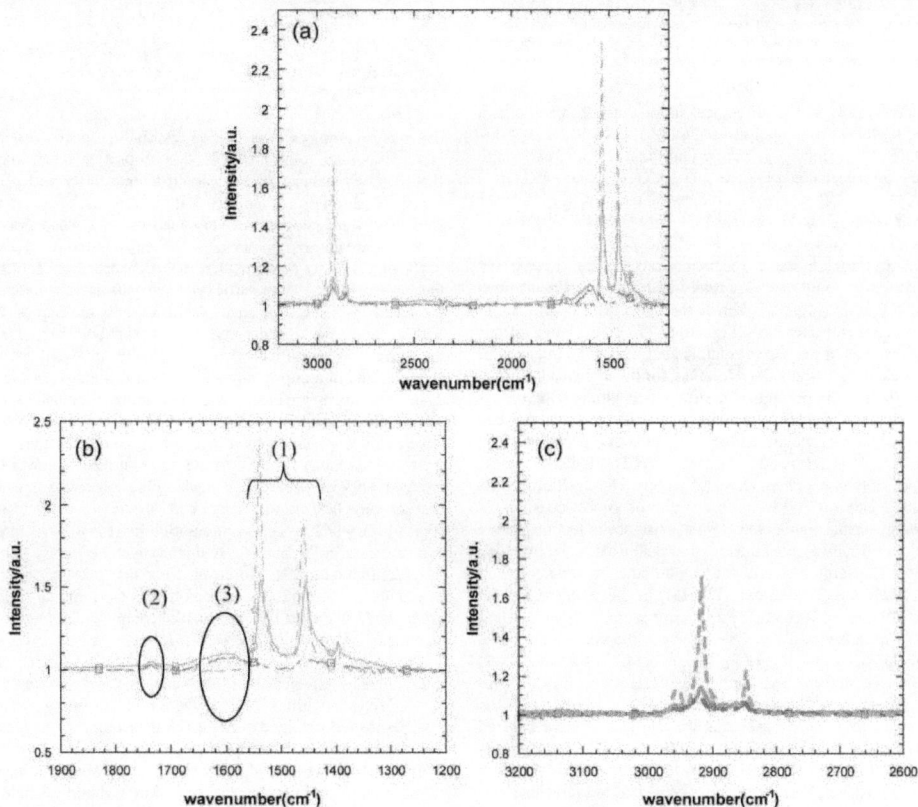

Fig. 4. PM-IRRAS spectra of a monolayer of (a) stearic acid (brown), elaidic acid (red), and oleic acid (green). (b) Zoom in the region of 1200–1900 cm^{-1}. (c) Zoom in the region of 2800–3200 cm^{-1}. (For interpretation of the references to color in this figure legend, the reader is referred to the web version of this article.)

Table 2
Wavenumber assignments for the three fatty acids on electrodeposited ZnO-nanorod-modified films

Peaks	Wavenumber (cm^{-1})
$\nu(CH_3)$	2927
$\nu(CH_2)$	2860
$\nu_{as}(COO^-)$	1630
$\nu_s(COO^-)$	1432
$\nu(O–H)$	3400
$\nu(Zn–O–Zn)$ [16]	466

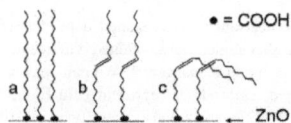

Fig. 6. Schematic conformation modes of (a) stearic acid, (b) elaidic acid, (c) oleic acid at the air/ZnO interface.

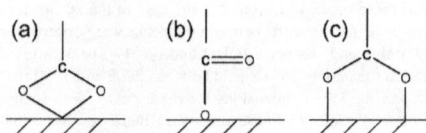

Fig. 5. Type of bonding structures of the three acids on the metal surface: (a) chelated bidentate, case of stearic and elaidic acids; (b) unidental carboxylate group on the metal surface, case of stearic, elaidic, and oleic acids; (c) bridged bidentate, case of elaidic and oleic acids.

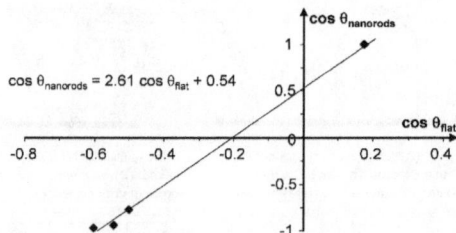

Fig. 7. Plot of the cosine of CA on ZnO nanorods vs cosine of CA on flat ZnO. Each point corresponds to surfaces with the same chemical nature, i.e., covered or not with a fatty acid.

erence (Fig. 4). Large differences among stearic, elaidic, and oleic peaks are mainly observed in the 1300–1600 and 2800–3000 cm^{-1} regions. For stearic and elaidic acids, two sharp peaks are detected at 1538 cm^{-1} ($\nu_{as}(COO^-)$) and 1455 cm^{-1} ($\nu_s(COO^-)$) [22], whereas for oleic acid, the peak at 1455 cm^{-1} remains constant and the one at 1538 cm^{-1} shifts to 1600 cm^{-1}. The latter is known to be quite variable as a function of environment. Furthermore, it can be inferred that the stearate and elaidate ions coordinate essentially with Zn^{2+} in the chelated bidentate form (Fig. 5a) whereas the oleate ions coordinate in the bridged bidentate form (Fig. 5c) [21,22]. This latter form is less favored in the case of elaidic acid where the intensity of the peak at 1600 is smaller. However, for the three acids, a peak at 1736 cm^{-1} is present. It indicates that unidental carboxylate bonding (Fig. 5b) is present but not dominant in the case of adsorption of elaidic and stearic acid. The peaks at about 2916 cm^{-1} $\nu_a(CH_3)$ and 2850 cm^{-1} $\nu_a(CH_2)$ indicate the existence of the long-chain aliphatic groups. The positions of the $\nu_a(CH_3)$ and $\nu_a(CH_2)$ were observed to be almost constant for all samples; this region indicates the existence of the long-chain aliphatic groups. Further information can be extracted from this region. Concerning stearic and elaidic acid, wavenumber and full width at half-maximum (FWHM) of the peak are located near 2918 and 14–16 cm^{-1}, respectively, meaning an ordered layer like in the solid state. Nevertheless, the $\nu(CH_2)$ peak area is about four times bigger for stearic acid. At the same time, in the CH$_2$ deformation region (associated with COO$^-$ symmetric stretching) located at 1450 cm^{-1}, IR bands are of the same intensity. This means that we can have similar ordered layer density (solid-like) but with different aliphatic chain orientation from the surface. If we now compare these two similar cases with the oleic acid one, we observe that this later case corresponds to a highly disordered organic layer. For the oleic acid layer, CH$_2$ stretching wavenumber and FWHM are located near 2922 and 24 cm^{-1}, respectively, meaning a liquid-like state.

Disorder and molecule orientation distribution make the polarization modulation infrared reflection absorption spectroscopy (PM-IRRAS) signal very low (about a tenth in term of peaks areas). All these results indicate that the aliphatic chains of the stearic acid are packed and very well ordered whereas such structures are not so pronounced with the two unsaturated acids.

The most likely conformation of FA adsorbed on ZnO surface by means of their carboxylate groups is schematically presented in Fig. 6. The stearic acid presents the highest CA with a higher packing density. The hydrophobic behavior of the surface is amplified when the chains are well ordered (Fig. 6a) and in an upright position (stearic > elaidic > oleic). This is in good agreement with the above conclusions that FA are chemically bounded to the ZnO surface which is then covered by a self-assembled layer of organic molecules with their nonpolar tails exposed to the outer surface. A lower CA is observed with unsaturated acids (Figs. 6b and 6c) which present a less flexible alkyl chain and especially with oleic acid (Fig. 6) for which the *cis* configuration must lead to a significant decrease in the monolayer thickness and coverage due to a steric hindrance [23]. Moreover, since the surface energy of the methylene group is higher than that of the terminal methyl group, one can expect a higher surface energy and a lower contact angle on oleic acid-covered films.

Generally, the CA variations on this kind of surfaces are interpreted by classical relations such as Cassie-Baxter [24] or/and Wenzel relations [25,26]. These relations imply geometrical parameters obtained from the CA measurements which are not easy to relate to the morphologic characteristics.

In this study, we have globally observed a dramatic influence of the surface structure on surface wetting properties. Indeed, for the same FA, we can consider that the contact angle difference is mainly due to the surface topology. Thus, we plotted in Fig. 7 the cosine of the CA on nanostructured ZnO vs the cosine of the CA on a "flat" surface for each surface of identical chemical nature. A straight line is obtained with a slope of 2.61 which is characteristic of the surface morphology change.

4. Conclusion

In conclusion, we have reported a very simple and effective method for preparing superhydrophobic surfaces with CA up to 167° by using low cost compounds. We evaluated the hydrophobicity of the covered surfaces by using saturated and unsaturated acids. CA measurements show a very good stability of the surface even after 10 months of good environmental storage, and after 1 month under UV radiations. An enhancement of the sensitivity to the properties of the fatty acid molecules (conformation, flexibility, saturated or not) when moving from the flat surface to the nanostructured surface has been shown and studied by FTIR spectroscopy. This denotes a specific influence of the rod shape on the adsorption and organization of the molecules. The wall of the rods and their angle may also take part in this differentiation effect. This suggests in the future the possibility of functionalizing the hydrophobicity/hydrophilicity of oxide nanorod surfaces by playing with specific engineering of top and lateral parts of the rods.

References

[1] W. Barthlott, C. Neinhuis, Planta 202 (1997) 1.
[2] A. Otten, S. Herminghaus, Langmuir 20 (2004) 2405.
[3] A. Nakajima, K. Hashimoto, T. Watanabe, Monatsh. Chem. 132 (2001) 31.
[4] Z. Yoshimitsu, A. Nakajima, T. Watanabe, K. Hashimoto, Langmuir 18 (2002) 5818.
[5] (a) G. McHale, N.J. Schirtcliffe, S. Aqil, C.C. Perry, M.I. Newton, Phys. Rev. Lett. 93 (2004) 036102;
(b) S. Herminghaus, Europhys. Lett. 52 (2000) 165.
[6] (a) K. Tsujii, T. Yamamoto, T. Onda, S. Shibuichi, Angew. Chem. Int. Ed. Engl. 36 (1997) 1011;
(b) A. Nakajima, K. Hashimoto, T. Watanabe, K. Takai, G. Yamauchi, A. Fujishima, Langmuir 16 (2000) 7044.
[7] (a) W. Chen, A.Y. Fadeev, M.C. Hsieh, D. Öner, J. Youngblood, T.J. McCarthy, Langmuir 15 (1999) 3395;

[7] (b) S. Minko, M. Müller, M. Motornov, M. Nitschke, K. Grundke, M. Stamm, J. Am. Chem. Soc. 125 (2003) 3896;
(c) G. Zhiguang, Z. Feng, H. Jingcheng, L. Weimin, J. Colloid Interface Sci. 303 (2006) 298.
[8] (a) J. Jian, J. Fu, J. Shen, Adv. Mater. 18 (2006) 1441;
(b) N. Zhao, F. Shi, Z. Wang, X. Zhang, Langmuir 21 (2005) 4713.
[9] T. Onda, S. Shibuichi, N. Satoh, K. Tsuiji, Langmuir 12 (1996) 2125.
[10] (a) N.J. Shirtcliffe, G. McHale, M.I. Newton, G. Chabrol, C.C. Perry, Adv. Mater. 16 (2004) 1929;
(b) N. Zhao, F. Shi, Z. Wang, X. Zhang, Langmuir 21 (2005) 4713.
[11] (a) L. Huang, S.P. Lau, H.Y. Yang, E.S.P. Leong, S.F. Yu, S. Prawer, J. Phys. Chem. B 109 (2005) 7746;
(b) Y. Zhu, J.C. Zhang, J. Zhai, Y.M. Zheng, L. Feng, L. Jiang, Chem. Phys. Chem. 7 (2006) 336.
[12] (a) X. Feng, J. Zhai, L. Jiang, Angew. Chem. Int. Ed. 44 (2005) 5115;
(b) E. Balaur, J.M. Macak, L. Taveira, P. Schmuki, Electrochem. Commun. 7 (2005) 1066.
[13] (a) M. Li, J. Zhai, H. Liu, Y. Song, L. Jiang, D. Zhu, J. Phys. Chem. B 107 (2003) 9954;
(b) Z. Zhu, T. Andelman, M. Yin, T.-L. Chen, S.N. Ehrlich, S.P. O'Brien, R.M. Osgood Jr., J. Mater. Res. 20 (2005) 1033.
[14] (a) M.H. Huang, Y. Wu, H. Feick, N. Tran, E. Weber, P. Yang, Adv. Mater. 13 (2001) 113;
(b) Z.W. Pan, Z.R. Dai, Z.L. Wang, Science 291 (2001) 1947;
(c) Y. Dai, Y. Zhang, Z.L. Wang, Solid State Commun. 126 (2003) 629;
(d) Z.R. Dai, Z. Pan, Z.L. Wang, Adv. Funct. Mater. 13 (2003) 9.
[15] S. Peulon, D. Lincot, Adv. Mater. 8 (1996) 166.
[16] T. Pauporté, T. Yoshida, D. Komatsu, D.H. Minoura, Electrochem. Solid State Lett. 9 (2006) H16–H18.
[17] A. Goux, T. Pauporté, D. Lincot, Electrochim. Acta 51 (2006) 316.
[18] C. Badre, A. Mayaffre, P. Letellier, M. Turmine, Langmuir 22 (2006) 8424.
[19] C. Badre, T. Pauporté, M. Turmine, D. Lincot, Superlat. Microstruct. (2007), doi: 10.1016/j.spmi.2007.04.018, in press.
[20] A. Goux, T. Pauporté, J. Chivot, D. Lincot, Electrochim. Acta 50 (2005) 2239.
[21] X. Wu, L. Zheng, D. Wu, Langmuir 21 (2005) 2665.
[22] Z.Y. Xiao, Y.C. Liu, L. Dong, C.L. Shao, J.Y. Zhang, Y.M. Lu, D.Z. Zhen, X.W. Fan, J. Colloid Interface Sci. 282 (2005) 403.
[23] K.M. Pertays, G.E. Thompson, M.R. Alezander, Surf. Interface Anal. 36 (2004) 1361.
[24] (a) A.B.D.S. Cassie-Baxter, Trans. Faraday Soc. 40 (1944) 546;
(b) A. Marmur, Langmuir 20 (2004) 3517.
[25] R.A. Wenzel, Ind. Eng. Chem. 28 (1936) 988.
[26] E. Hosono, S. Fujihara, I. Honma, H. Zhou, J. Am. Chem. Soc. 127 (2005) 13458.

V-3. Fabrication de surfaces de ZnO superhydrophobes à caractère non-mouillant

Des nano-systèmes construits suivant la méthode ascendante (ou bottom-up) peuvent être réalisés aussi bien par fixation de silanes que d'acides gras. Un arrangement dense et ordonné de molécules d'acide stéarique peut être obtenu sur les nanocolonnes de ZnO. Cependant, l'angle de contact est susceptible d'être augmenté en jouant sur la rugosité de ces surfaces. Dans ce but, nous avons choisi de modifier la surface des nanotiges de ZnO avec cette même molécule. Dans le chapitre III, nous avons montré que les clichés MEB révèlent la formation de nanotiges plus longues plus denses et surtout plus rugueuses que les nanocolonnes, tous ces paramètres peuvent être favorables à la préparation d'une surface très peu mouillante où l'eau ne pourra pas y adhérer.

Les nanotiges sont ainsi traitées par l'acide stéarique, un angle d'avancement de 176° et de retrait de 175° sont obtenus, soit un hystérèse inférieur à 1°, ceci montre bien que le film formé par l'acide stéarique est très homogène.

Très peu de travaux dans la littérature concernent la description de surfaces superhydrophobes avec un angle supérieur à 175° et en général des matériaux organiques et des polymères sont utilisés pour fabriquer ces surfaces. Dans notre cas, la présence d'une double rugosité (micro et nanométrique) est un paramètre clé qui pourra expliquer l'augmentation de l'angle de 167 à 176° [1,2]. C'est ce phénomène qui est à l'origine de la superhydrophobicité de la feuille de lotus. La longueur des tiges est trois fois plus grande que celle des nanocolonnes ce qui favorise l'emprisonnement d'air et donc la diminution de la fraction solide-liquide lors de l'adsorption de l'acide. Dans notre cas, l'application de la relation de Cassie-Baxter à une surface mixte composée de solide (127°) et d'air (180°) pour un angle de 176° conduit en effet à une valeur très faible de f_1 (fraction de ZnO) égale à 0,6% et une fraction d'air élevée qui peut être à l'origine de la superhydrophobicité observée dans le cas des nanotiges modifiées.

115

Un angle d'avancement élevé n'est pas le seul critère permettant de qualifier une surface de superhydrophobe. Un deuxième critère est nécessaire, c'est la valeur d'angle minimale de l'inclinaison du substrat à partir de laquelle une goutte, déposée sur la surface, commence à rouler (roll off angle). Ce phénomène est schématisé sur la figure 3.

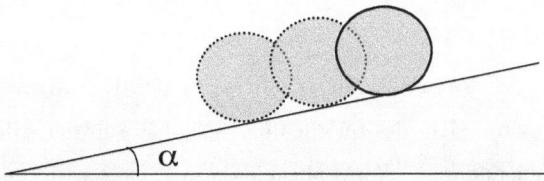

Figure 1 : Une goutte d'eau posée sur une surface rugueuse inclinée d'un angle α.

Sa valeur peut être élevée même si l'angle de contact est élevé, il a été démontré que la rugosité peut empêcher une goutte de rouler [3]. Miwa et al. [4] ont préparé une surface superhydrophobe et ils ont relié l'angle d'inclinaison à la morphologie de cette surface selon l'équation suivante :

$$\frac{mg \sin \alpha}{w} = \gamma^{lv}(\cos\theta_R - \cos\theta_A)$$

Où α est l'angle d'inclinaison de la surface, m est la masse de la goutte d'eau, w est la le diamètre de base que fait la goutte avec le substrat, γ^{lv} est la tension superficielle à l'interface liquide-vapeur, θ_R et θ_A sont respectivement les deux angles à l'avancée et au retrait. Afin de pouvoir mesurer la valeur seuil de cet angle d'inclinaison sur les surfaces étudiées, j'ai fabriqué à partir d'un rapporteur, un instrument de mesure très simple, représenté sur la figure 4.

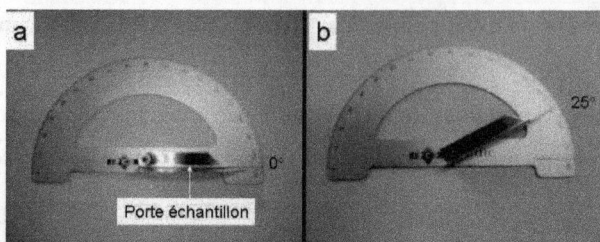

Figure 2 : Photo prise quand le porte échantillon est à a) 0°, b) dévié par rapport à l'horizontale de 25°.

La mesure d'angles de gouttes statiques sur ce type de surfaces était impossible, toutes les gouttes roulaient dès qu'elles touchaient le substrat, elles n'y adhèrent pas et n'y laissent aucune trace. Après plusieurs essais, j'ai réussi à mesurer l'angle d'inclinaison d'une goutte statique, la valeur est de l'ordre de 1° (avec une incertitude de ± 0,5°). La mesure de cet angle est très importante et doit être réalisée surtout pour élaborer des surfaces à caractère autonettoyant.

Les résultats obtenus sur ces surfaces sont décrits et discutés dans l'article paru dans *Nanotechnology* et joint à la fin de ce chapitre.

V-4. Conclusion

Des films de ZnO superhydrophobes ont été obtenus en combinant la rugosité de la surface avec la faible valeur de l'énergie de surface de l'acide stéarique. Cette superhydrophobicité stabilise le ZnO vis-à-vis des environnements corrosifs sévères telles les solutions acides ou basiques et même les températures élevées.

Ces surfaces superhydrophobes possèdent un large champ d'applications. Elles peuvent être utilisées par exemple pour protéger les antennes des maisons de la neige qui y adhère et qui peut perturber la réception du signal. St Gobain commercialise des vitres qui s'auto-nettoient ce qui réduit le temps et le coût de nettoyage. Ces surfaces servent aussi à fabriquer des textiles anti-pluie comme les parapluies.

Références

---

[1] M.F., Wang ; N., Raghunathan ; B., Ziaie *Langmuir* **2007**, *23*, 2300.

[2] X.Q., Feng ;X., Gao ; Z., Wu ; L., Jiang ; Q.S., Zhen *Langmuir* **2007**, *23*, 4892.

[3] J.J., Bikerman *J. Collloid Sci*. **1950**, *5*, 359.

[4] M., Miwa ; A., Nakajima ; A., Fujishima ; K., Hashimoto ; T., Watanabe *Langmuir* **2000**, *16*, 5754.

IOP PUBLISHING

NANOTECHNOLOGY

Nanotechnology **18** (2007) 365705 (4pp)

doi:10.1088/0957-4484/18/36/365705

A ZnO nanowire array film with stable highly water-repellent properties

Chantal Badre[1,2,4], **Thierry Pauporté**[1,3,4], **Mireille Turmine**[1,2] and **Daniel Lincot**[1,3]

[1] Laboratoire d'Electrochimie et de Chimie Analytique, Unité Mixte de Recherche-CNRS 7575, France
[2] Université Pierre et Marie Curie-Paris-6, 4 place Jussieu, F-75252 Paris cedex 05, France
[3] École Nationale Supérieure de Chimie-Université Pierre et Marie Curie-Paris 6, 11 rue Pierre et Marie Curie, F-75231 Paris cedex 05, France

E-mail: badre@ccr.jussieu.fr and thierry-pauporte@enscp.fr

Received 19 June 2007, in final form 11 July 2007
Published 10 August 2007
Online at stacks.iop.org/Nano/18/365705

Abstract
Highly water-repellent surfaces have been prepared from arrayed nanowires of zinc oxide (ZnO) by a treatment with stearic acid. The layers are electrochemically deposited on a nanocrystalline seed layer from an oxygenated aqueous zinc chloride solution. An advancing contact angle (CA) as high as 176° is obtained with a very small hysteresis $\sim 1°$. These results, supplemented by infrared spectroscopy, show that the stearic acid forms a very well-packed self-assembled monolayer. The CA measurements show a very good stability of the treated surface even when exposed to harsh conditions or long-term ambient illumination.

M This article features online multimedia enhancements

1. Introduction

Wettability and water repellency are important properties of solid surfaces from both fundamental and practical viewpoints [1]. In the last few years, superhydrophobic surfaces have attracted much interest because of their important potential applications in microfluidics and protective coatings [1, 2]. It is well known from nature that the optimum surface morphologies to achieve high hydrophobicity are micro-nanobinary structures with low surface free energy [3]. Therefore, numerous methods have been reported for the preparation of superhydrophobic surfaces by controlling hierarchical surface structures and low surface energy. The latter point was achieved in many cases by grafting ad hoc organic molecules [4]. However, the preparation of surfaces with very high water-repellent properties remains a challenge since there have been only a few papers reporting surfaces with a contact angle (CA) higher than 175° [5–9]. Generally, organic materials and polymers have been used. In most cases, they were modified by hydrophobic materials such as polytetrafluoroethylene [7] or by introducing two

[4] Authors to whom any correspondence should be addressed.

length scales on the surface in the form of a cross-linked hydrophobic polymer network, as reported by Gao and McCarthy [8]. To the best of our knowledge, only one paper reports a very high static CA on an inorganic material (178°). The authors used chemically deposited brucite-type cobalt hydroxide $(Co(OH)_{1.13}Cl_{0.09}(CO_3)_{0.39} \cdot 0.05H_2O)$ arrays of nanopillars with very narrow tips (6.5 nm) modified with lauric acid [9].

In this work, we describe the preparation of artificial superhydrophobic ZnO films. Many papers have been devoted to the optical, electrical and mechanical properties of ZnO but surface wetting properties investigations with high CAs are scarce [10, 11]. Different methods of preparing ZnO superhydrophobic surfaces have been used but the maximum static CA achieved on a micro-nanobinary structure was 170° [11]. In our case, ZnO nanowire films were prepared by electrodeposition. To impart superhydrophobic properties to these rough films, the use of a low surface energy compound was found to be necessary. For this purpose, we chose a non-toxic and low-cost compound, stearic acid (SA). The ZnO-modified nanowire surface exhibits a very high advancing and static CA ($\theta = 176°$). This is the highest CA ever obtained on a metal oxide and especially on ZnO. Interestingly, these films possess superhydrophobic properties over a wide pH range and have excellent stability under high temperature and ambient long-term storage conditions.

2. Experimental section

2.1. Materials

Zinc chloride ($ZnCl_2$) and potassium chloride (KCl) were purchased from Merck. Stearic acid was received from fluka and absolute ethanol from Normapur.

2.2. Preparation of electrodeposited ZnO films

ZnO nanowire films were prepared by electrodeposition on a SnO_2 substrate, according to a method reported elsewhere [12]. First, a buffer layer of nanogranular ZnO was deposited electrochemically at room temperature. The ZnO nanowire array layer was subsequently grown at 80 °C for 3 h from a 0.2 mM $ZnCl_2$ and 0.5 M KCl solution saturated with O_2 by bubbling. Molecular oxygen is electrochemically reduced to produce hydroxide ions which react with zinc ions to form zinc oxide [13–15].

2.3. Surface modification by fatty acids

The fatty acid used is stearic acid ($C_{18}H_{36}O_2$). It was prepared in absolute ethanol at a concentration of 5 mM. The film was then modified by dipping the substrate in an ethanol solution of 5 mM stearic acid for 24 h followed by rinsing the sample in absolute ethanol.

2.4. Characterizations

The nanowires were characterized using a FEG-SEM (Zeiss ultra 55) operated at 8 kV. All FTIR spectra were obtained from 125 scans at 4 cm^{-1} resolution with a Nicolet Nexus FTIR spectrometer. The x-ray diffraction (XRD) experiments were carried out with a Siemens D5000 type diffractometer, using Co Kα_1 radiation ($\lambda = 1.7889$ Å) and a graphite monochromator. The diffraction pattern was scanned in steps of 0.02° (2θ) between 30° and 65°.

2.5. Contact angle measurements

The contact angles were measured on a DSA 10 (1.90.014 version) Krüss instrument at 25 °C using the sessile drop fitting method for the static contact angle and tangent method 2 for the dynamic angles. Advancing and receding contact angles were measured by adding to and withdrawing from the droplet, respectively, deionized water or buffered aqueous solutions. For each drop on a substrate, approximately 80 images were recorded and averaged to obtain a mean contact angle. At least five spots per substrate were averaged. CAs were recorded after stabilization and were checked on several films. The tilt angle was measured with a 0.5° maximum error on a laboratory-built device. The very high 176° static contact angle value found with our apparatus was also confirmed independently by the KRUSS Company in their laboratory in Germany.

Figure 1. Low magnification FE-SEM images of the as-prepared ZnO nanowires film. Inset: high magnification view of a nanowire tip.

3. Results and discussion

Electrodeposition is among the lowest cost methods available for the deposition of functional layers and preparing microscale and/or nanoscale structures. This technique was used in our case to prepare ZnO nanowires. Figure 1 shows FE-SEM micrographs of the as-prepared ZnO film, consisting of high-density (15 per μm^2) elongated nanowires on the buffer layer. Their average dimensions are 3.5 μm in length and 160 nm in width, giving a high aspect ratio of more than 20. They have a hexagonal cross section (figure 1 inset). XRD measurements (figure 2(a)) show that ZnO is crystallized in the hexagonal wurtzite structure [14]. The pattern is dominated by the ZnO(002) reflection. As expected from FE-SEM views, the wires present a c-axis preferentially oriented perpendicular to the substrate. Before any adsorption, and as a result of their high roughness, the surfaces are superhydrophilic and show a CA of about 0°.

In order to tune the wettability of these nanowires, we dipped the as-deposited films in an ethanol solution of 5 mM stearic acid for 24 h. Stearic acid has a saturated flexible C18 hydrocarbon chain that stretches out in a long zig-zag to form a dense self-assembled layer of packed chains on ZnO as a result of the strong chelating bonds between carboxylic acid headgroups and Zn atoms on the surface. This model of SA interaction with ZnO was confirmed by FTIR spectroscopy. Adsorption bands corresponding to the CH stretching mode peaks in the 2800–3000 cm^{-1} range are seen in figure 2(b). The sharpness of the peaks at about 2916 cm^{-1} $\nu_a(CH_3)$ and 2850 cm^{-1} $\nu_a(CH_2)$ indicate the existence of long-chain aliphatic groups and a well-packed self-assembled layer. That at 1713 cm^{-1}, which is characteristic of the COOH group, disappears after adsorption whereas two peaks appear at 1455 and 1538 cm^{-1}, assigned to the symmetric and antisymmetric carboxylate ion COO^- stretching modes. Furthermore, it can be inferred that the stearate coordinates essentially with Zn^{2+} in the chelated bidentate form [16]. However, a very small peak at 1736 cm^{-1} is present. It indicates that unidental carboxylate bonding is present but not dominant in this adsorption.

After stearic acid adsorption, the samples switches to a remarkable superhydrophobic behaviour with both very high advancing and receding CA ($\theta_A/\theta_R = 176°/175°$) giving a

2

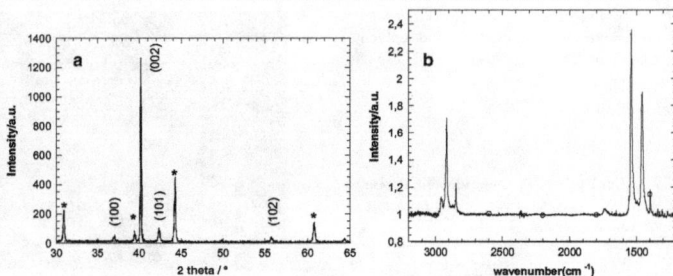

Figure 2. (a) XRD pattern of electrodeposited ZnO nanowire film (★: SnO$_2$ substrate). (b) FTIR spectrum of ZnO film after adsorption of stearic acid.

very low CA hysteresis ($\Delta\theta = \theta_A - \theta_R$) of 1°. FE-SEM views of the samples show no topographical change in the layer after the fatty acid treatment. It is very difficult to measure static CAs because the droplet is quasi-spherical and does not adhere to the surface (see the electronic supporting information available from stacks.iop.org/Nano/18/365705). Once placed on the surface, it rebounds and rolls off very rapidly even when the surface is not tilted. After many attempts, we succeeded in measuring a static CA of 176° ± 0.5° very close to the advancing one. On this droplet, we measured a very low sliding angle of about 1° giving more evidence for superhydrophobicity and explaining the low hysteresis we observed.

As detailed in the introduction, most often micro-nanobinary structures are required to achieve very high contact angles. In the present case the wire length belongs to the micrometer scale, but the wires are also rather wide at the top. However, a zoomed view of their tip (figure 1 inset) reveals interesting features, since their surface is not smooth but rough, with several visible growth centers. The roughness induces a nanometric scale of topography. Therefore, it would appear that the hydrophobic behavior of these surfaces is greatly enhanced by the combination of these two length scales. The low CA hysteresis observed on these films can be attributed to the low contact area between the solid and the liquid droplet. Such structures entrap a large amount of air below the droplet, enhancing the surface hydrophobicity and inducing CAs of more than 160° [17]. Basically, such a high CA and a very small $\Delta\theta$ mean that our system is a composite surface consisting of ZnO and air where the Cassie–Baxter model applies [18].

The stability of this ZnO-modified surface was evaluated by using droplets buffered over a large pH range. The advancing CA was unchanged at 175° ± 0.7° when the pH was varied from 1.8 to 12.6, indicating very high stability of the prepared surface and of its superhydrophobic properties (figures 3(a), (b)). These results are remarkable since ZnO is poorly stable and dissolves in contact with mildly acidic or alkaline aqueous solutions [14]. The stearic acid monolayer acts as an efficient barrier between the solution and the oxide. The hysteresis remains ⩽1° over this wide pH range. The effect of thermal treatment on the wettability of the superhydrophobic films was also evaluated. We tested

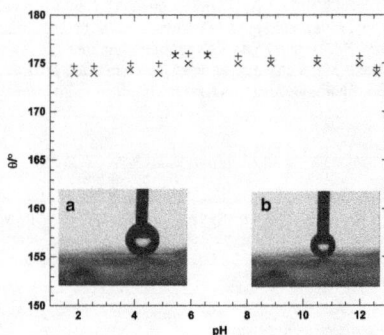

Figure 3. (a) Advancing (+) and (b) receding (×) contact angles at various buffered droplet pHs on ZnO modified films.

the stability of these samples at 90–250 °C for 24 h, CAs being measured at room temperature after these treatments. Increasing the temperature had no effect on the wettability. The CAs remained very high with an average value of 176° ± 0.9° after the 250 °C treatment. Furthermore, film wettability is unchanged after six months' storage under ambient illumination conditions.

4. Conclusion

In summary, ZnO nanowire array films have been prepared by a simple and low-cost electrochemical method followed by surface modification with stearic acid. They present remarkable superhydrophobic properties since our study reports the highest CA ($\theta_A = 176°$) ever obtained on superhydrophobic ZnO and more generally on oxides. The hysteresis is small. The observed properties are attributed to a micro-nanobinary structure combined with a low free surface energy. The chemical surface modification is stable over a wide pH range as well as to thermal treatment up to 250 °C or long-term storage under ambient conditions.

Nanotechnology **18** (2007) 365705

Acknowledgments

Dr P Dubot from the Laboratoire de Physicochimie des Surfaces, UMR 7045, ENSCP, Paris, is thanked for FTIR measurements and his help in spectra analysis. We also thank Mr Elias Aurélien from Krüss Company for confirming the values of the high contact angles observed in our case.

References

[1] Nakajima A, Hashimoto K and Watanabe T 2001 *Monatsh. Chem.* **132** 31
  Bico J, Marzolin C and Quéré D 1999 *Europhys. Lett.* **47** 220
[2] Nakajima A, Fujishima A, Hashimoto K and Watanabe T 1999 *Adv. Mater.* **11** 1365
[3] Barthlott W and Neinhuis C 1997 *Planta* **202** 1
[4] McHale G, Shirtcliffe N J, Aqil S, Perry C C and Newton M I 2004 *Phys. Rev. Lett.* **93** 036102
  Herminghaus S 2000 *Europhys. Lett.* **52** 165
  Callies M and Quéré D 2005 *Soft Matter* **1** 55
  Shirtcliffe N J, McHale G, Newton M I, Perry C C and Roach P 2005 *Chem. Commun.* **25** 3135
[5] Khorasani M T, Mirzadeh H and Kermani Z 2005 *Appl. Surf. Sci.* **242** 339
[6] Gao L and McCarthy T J 2006 *J. Am. Chem. Soc.* **128** 9052
  Gao L and McCarthy T J 2006 *Langmuir* **22** 5998
[7] Chen W, Fadeev A Y, Hsieh M C, Öner D, Youngblood J and McCarthy T J 1999 *Langmuir* **15** 3395
[8] Gao L and McCarthy T J 2006 *Langmuir* **22** 2966
[9] Hosono E, Fujishira S, Honma I and Zhou H 2005 *J. Am. Chem. Soc.* **127** 13458
[10] Zhang X T, Satu O and Fujishima A 2004 *Langmuir* **20** 6065
  Li M, Zhai J, Liu H, Song Y, Jiang L and Zhu D 2003 *J. Phys. Chem. B* **107** 9954
  Feng X, Feng L, Jin M, Zhai J, Jiang L and Zhu D 2004 *J. Am. Chem. Soc.* **126** 62
[11] Zhang J, Huang W and Han Y 2006 *Langmuir* **22** 2946
[12] Lévy-Clement C, Elias J and Tena-Zaera R 2007 *Proc. SPIE* **6340** 63400R1
[13] Goux A, Pauporté T and Lincot D 2006 *Electrochim. Acta* **51** 316
[14] Goux A, Pauporté T, Chivot J and Lincot D 2005 *Electrochim. Acta* **50** 2239
[15] Badre C, Pauporté T, Turmine M and Lincot D 2007 *Superlatt. Microstruct.* in press doi:1016/j.spmi.2007.04.018
[16] Xiao Z Y, Liu Y C, Dong L, Shao C L, Zhang J Y, Lu Y M, Zhen D Z and Fan X W 2005 *J. Colloid Interface Sci.* **282** 403
  Pauporté T, Yoshida T, Komatsu D and Minoura D H 2006 *Electrochem. Solid State Lett.* **9** H16
[17] Cyranoski D 2001 *Nature* **414** 240
  Elghanian R, Storhoff J J, Mucic R C, Letsinger R L and Mirkin C A 1997 *Science* **277** 1078
[18] Cassie A B D and Baxter S 1944 *Trans. Faraday Soc.* **40** 546
  Badre C, Mayaffre A, Letellier P and Turmine M 2006 *Langmuir* **22** 8424

Chapitre VI

Assemblage de molécules redox à base de ferrocène sur les films de ZnO électrodéposés

VI-1. Introduction

Le comportement électrochimique simple et la stabilité remarquable du ferrocène dans les électrolytes organiques et aqueux, ainsi que sa fonctionnalisation aisée à partir de dérivés facilement accessibles comme l'acide ferrocène carboxylique sont à l'origine de son succès en tant qu'unité rédox de base pour la synthèse de nombreux récepteurs moléculaires capables de détecter des ions organiques, inorganiques ou neutres ou même de jouer le rôle d'un récepteur biologique.

Dans ce dernier chapitre, nous avons donc envisagé la fonctionnalisation des films de ZnO avec du ferrocène. Pour ce faire, nous avons dû synthétiser un dérivé du ferrocène susceptible de se fixer au ZnO. Puis, nous avons préparé des surfaces de ZnO modifiées par auto-assemblage du dérivé du ferrocène et caractérisées par électrochimie et électromouillage.

VI-2. Synthèse du N-(3-triméthoxysilyl)-propylferrocènecarboxamide

A partir de l'acide ferrocène carboxylique (produit commercial, noté **1**), nous avons synthétisé le N-(3-triméthoxysilyl)-propylferrocènecarboxamide (figure ci-dessous et noté **2**) pour pouvoir le fixer à la surface du ZnO.

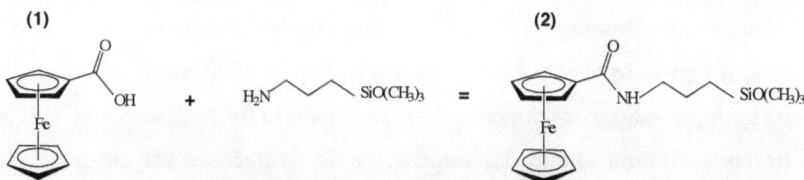

L'adsorption directe de la molécule **1** sur le ZnO ne donnant pas de réponses électrochimiques reproductibles, nous avons donc essayé de lier cette molécule à une fonction capable de se fixer au ZnO. Plusieurs voies peuvent être alors envisagées. La première consiste à fixer une molécule présentant un groupement fonctionnel suffisamment réactif vis-à-vis du groupement carboxylique pour pouvoir ensuite la faire réagir sur le composé **1**. La seconde serait de synthétiser une molécule comprenant deux groupements fonctionnels, l'un permettant sa fixation sur le substrat et l'autre correspondant au ferrocène (comme schématisée sur la figure ci-dessous).

Dans la littérature, on trouve de nombreux travaux [1,2,3,4] réalisés avec l'APTMS (aminopropyltriméthoxysilane), l'APTES (aminopropyltriéthoxysilane), l'APS (aminopropylsilane) c'est-à-dire des composés possédant une terminaison amine [5,6,7,8]. Suivant les conditions opératoires (pH, nature du tampon,…) la molécule cible interagit avec les groupements amine immobilisés en surface et reste ensuite insensible à toute variation du milieu extérieur (notamment dans le cas d'immobilisation des brins d'ADN). A titre d'exemple, on peut citer les travaux de Pirrung et al. [9] et ceux de Zhao et al. [10].

Pour notre part, nous avons choisi un agent de couplage de type amine silane, l'aminopropyltriméthoxysilane (APTMS). Malheureusement, la fixation de cette molécule sur la surface n'a pas réussi. En effet, comme nous avons signalé dans le chapitre II, la fonctionnalisation du ZnO par ce type de molécules est très délicate. Nous avons tenté de reproduire les conditions décrites dans la littérature et citées dans ce chapitre mais les résultats ne sont pas satisfaisants. Les films de ZnO sont hétérogènes et les valeurs d'angles de contact mesurées après adsorption de l'APTMS sont très différentes avec un écart type supérieur à 15°.

Nous avons donc envisagé de fonctionnaliser le substrat en une seule étape. Pour cela, il faut faire réagir, dans un solvant adéquat, la fonction carboxylique du (carboxycyclopentadienyl)cyclopentadienyl de fer sur la fonction amine de l'APTMS pour former la liaison amide. La molécule ainsi synthétisée est ensuite mise en solution dans un solvant approprié pour pouvoir la fixer sur un film de ZnO. Mais cette synthèse ne peut aboutir au composé désiré sans l'utilisation d'un carbodiimide. Les carbodiimides sont des composés largement utilisés en synthèse organique. Ils permettent d'activer les fonctions acides de l'acide carboxylique dans des conditions relativement simples pour former une liaison amide. Les différentes étapes de la synthèse sont décrits ci-dessous :

Dans 20 mL de dichlorométhane, on dissout 2 mmol (soit 460mg) d'acide ferrocène carboxylique et 2,2 mmol (soit 420 mg) de N-(3-diméthylaminopropyl)-N'-éthylcarbodiimidehydrochlorure sous ultra-son. On ajoute 2 mmol d'APTMS (aminopropyltriméthoxysilane) au mélange et la solution est agitée pendant 4 heures à la température ambiante. Le dichlorométhane est évaporé et le brut réactionnel est purifié par une chromatographie sur colonne de gel de silice et en utilisant un mélange dichlorométhane/ acétone comme éluant (dans le rapport 1/8 v :v). Après élimination du solvant, un solide orange est obtenu avec un rendement de 37%. La structure du produit est vérifiée par RMN du ^{1}H, ^{13}C et par spectrométrie de masse.

Caractérisation par RMN du ^{1}H (CDCl$_3$) : δ 0,65-0,68 (t, J$_{HH}$=7,8 Hz, 2H, Si-CH$_2$) ; 1,67- 1,70 (q, J$_{HH}$=7,6 Hz, 2H, CH$_2$-CH$_2$-CH$_2$) ; 3,35- 3,36 (q, J$_{HH}$= 5,5 Hz, 2H, NCH$_2$) ; 3,59- 3,6 (s, 9H, O-CH$_3$) ; 4,16 (s, 5H, c-C5H5), 4,28 (s, 2H, c-C-CH-CH-CH-CH), 4,65 (s, 2H, c-C-CH-CH-CH-CH), 6,0(t, J$_{HH}$= 5,3Hz, 1H, NH).

Caractérisation par RMN du ^{13}C (CDCl$_3$) : δ 6,8 (Si-CH$_2$) ; 23,3 (CH$_2$-CH$_2$-CH$_2$) ; 42,0 (NCH$_2$) ; 50,9 (O-CH3) ; 68,3, 69,9, 70,5 (c-C$_5$H$_5$, c-C-CH-CH-CH-CH) ; 76,9 (c-C-(CH)$_5$) ; 170,3 (C=O).

Caractérisation par spectrométrie de masse (ESI+) : m/z+ = 391,1 pour une masse calculée de 391 g/mol.

Le composé obtenu, dérivé du ferrocène, noté dFc tout au long de ce chapitre a été caractérisé par différentes méthodes comme la RMN, la spectrométrie de masse.

VI-3. Analyse électrochimique de la monocouche de ferrocène (dFc)

VI-3-1. Préparation des surfaces modifiées

Toutes les surfaces de ZnO lisses et rugueuses ont été immergées pendant 24 h dans une solution de dFc dans l'éthanol absolu. Une fois retiré de la solution, le film est lavé à l'éthanol absolu pour retirer l'excès de cette molécule puis séché à l'abri de la poussière. La réussite du greffage est vérifiée par électrochimie et électromouillage.

VI-3-2. Caractérisation électrochimique de la couche

Les mesures ont été réalisées avec un potentiostat (Voltalab PGZ 301 Radiometer Analytical) dans une cellule classique à trois électrodes et à température ambiante. L'électrode de travail est constituée d'une surface de SnO_2 recouverte d'un film de ZnO modifié, l'électrode de référence est une électrode au calomel saturée en KCl (ECS) et l'electrode auxiliaire est une électrode de platine. Avant chaque expérience, la solution est désaérée par un barbotage d'argon pendant une demi-heure. Nous avons utilisé la voltampérométrie cyclique (VC) pour caractériser ces surfaces. Cette méthode est adaptée à l'étude de réactions électrochimiques en surface et permet la caractérisation de l'électroactivité d'un film auto-assemblé.

Dans le cas d'une espèce redox adsorbée en monocouche à la surface de l'électrode, le transport de matière de l'espèce redox est négligeable. De plus, pour un système redox rapide et réversible, la vitesse de transfert des électrons n'est pas l'étape limitante du processus électrochimique et la différence de potentiel entre le pic d'oxydation et de réduction ΔEp tend vers 0.

Dans un premier temps, nous avons comparé la réponse électrochimique d'une électrode de ZnO vierge et d'une electrode de ZnO modifié par une couche autoassemblée de dFc dans un milieu organique, nous avons choisi un milieu contenant du perchlorate de lithium ($LiClO_4$ 0,1 M) dans le carbonate de propylène (Figure 1).

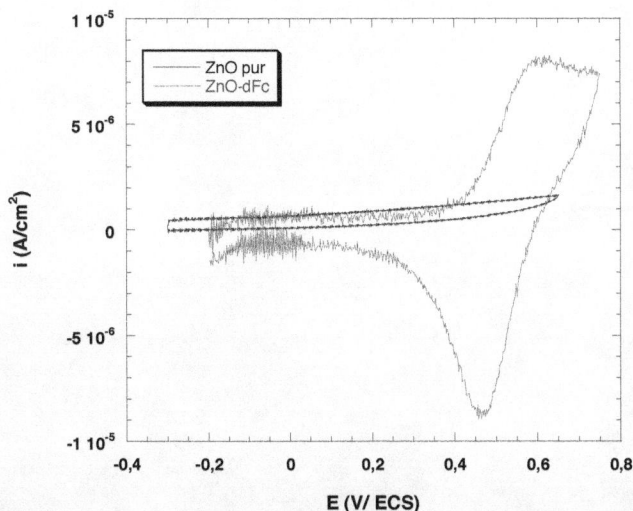

Figure 1 : Voltampérogrammes enregistrés à 100 mV s^{-1} dans une solution de LiClO$_4$ 0,1 M dans le carbonate de propylène sur une surface de ZnO préparée à partir de ZnCl$_2$ 5 mM (en noir) et une surface de ZnO préparée à partir de ZnCl$_2$ 5 mM et modifiée par une couche de dFc (en vert).

En l'absence du dFc adsorbé, nous observons un courant que l'on peut qualifier de capacitif, puisqu'il traduit le comportement électrique de l'interface électrode/électrolyte, où se produit une accumulation de charges de part et d'autre de l'interface, à la manière d'un condensateur chargé. Une fois la molécule adsorbée, nous observons deux pics : le premier identifié lors du balayage aller est attribué à l'oxydation du dFc. Durant le balayage retour, on remarque une vague de réduction de l'ion ferricinium (dFc$^+$).

Des balayages successifs montrent une augmentation progressive des vagues anodiques et cathodiques sur tous les films traités. Les voltampérogrammes enregistrés avec des vitesses de balayage (V$_b$) égales à 10 et 50 mV s^{-1} sur une surface de ZnO lisse modifiée par dFc (Figure 2) montrent que le potentiel apparent du dFc sur cette surface obtenu en calculant la valeur moyenne des deux pics d'oxydation et de réduction est égal à 0,52 ± 0,04 V/ECS.

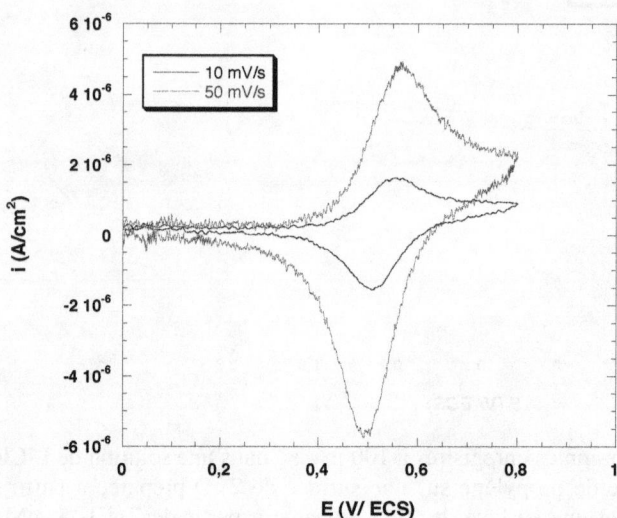

Figure 2 : Voltampérogrammes enregistrés à 10 et 50 mV s^{-1} dans une solution de LiClO$_4$ 0,1 M dans le carbonate de propylène sur une surface de ZnO 5 mM modifiée par une couche de dFc.

L'écart mesuré entre les potentiels des deux pics, d'environ 40 mV sur le voltampérogramme à 10 mV s^{-1} correspond à un transfert rapide des électrons sur ces films. Il est aussi caractéristique d'une certaine irréversibilité du système rédox. En augmentant la vitesse de balayage jusqu'à 50 mV s^{-1}, cet écart atteint une valeur de 70 mV. La largeur à mi-hauteur est proche de 130 mV pour les deux pics, cette valeur est un peu élevée par rapport à la valeur attendue, égale à 90 mV pour des dérivés du Fc adsorbés sur l'or [11]. Ceci peut être dû à une faible interaction entre les groupements électroactifs liés à la surface.

La même étude a été effectuée sur d'autres morphologies de ZnO comme les nanocolonnes et les nanotiges. La figure 3a montre les deux voltampérogrammes enregistrés à 10 et 25 mV s^{-1} sur les mêmes surfaces. Les pics sont réversibles avec un échange d'un seul électron. Ils révèlent une symétrie des pics avec une très faible variation de potentiel (~20 mV), montrant un transfert plus rapide des électrons dans le cas des nanocolonnes rugueuses que dans celui des films lisses et un comportement idéal pour une couche électroactive adsorbée. En effet, le rapport des courants anodiques et cathodiques (I_a/I_c) est alors proche de l'unité. La largeur à mi-hauteur, de l'ordre de 100 mV, est très proche de la valeur attendue (90 mV). Le potentiel apparent est égal à 0,52 ± 0,07 V/ECS. Nous avons aussi superposé sur la figure 3b les différentes courbes obtenues sur ces films en balayant entre 50 < V$_b$ < 900 mV s^{-1}.

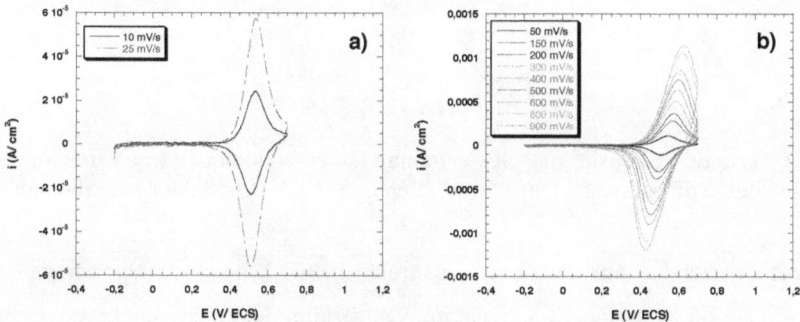

Figure 3 : Voltampérogrammes tracés dans une solution de LiClO$_4$ 0,1 M dans le carbonate de propylène a) à 10 et 25 mV s^{-1} sur une surface de ZnO (0,2 mM) modifiée par dFc b) entre 50 et 900 mV s^{-1} sur la même surface modifiée.

Une bonne linéarité est observée lorsqu'on trace la variation des intensités des pics d'oxydation et de réduction en fonction du V$_b$ (figure 4). Les valeurs des pentes sont très proches. Ceci prouve la présence d'un groupement redox réversible confiné dans ces couches.

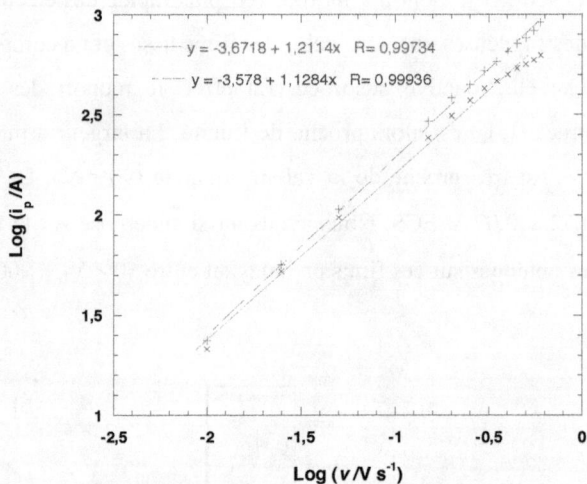

Figure 4 : Log de l'intensité des pics anodique (x) et cathodique (+) en fonction du Log de la vitesse de balayage dans une solution de LiClO$_4$ 0,1 M dans le carbonate de propylène.

L'étude étendue aux nanotiges montre le même type de comportement du ferrocène adsorbé en surface. La signature électrochimique de ce couple montre un décalage légèrement négatif du potentiel du dFc qui atteint une valeur de 0,50 ± 0,06 V/ECS et une largeur de mi-hauteur d'environ 112 mV (Figure 5).

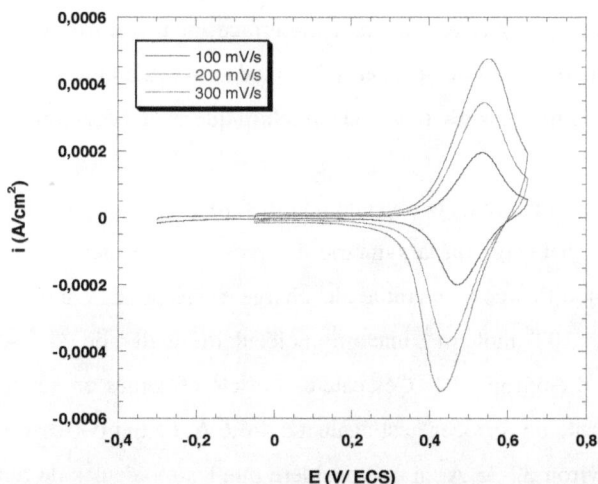

Figure 5 : Voltampérogrammes tracés à 100, 200 et 300 mV s^{-1} sur une surface de nanotiges de ZnO-dFc dans une solution de LiClO$_4$ 0,1 M dans le carbonate de propylène.

En solution, le ferrocène s'oxyde sur une surface de platine à un potentiel égal à 0,41 V/ECS. Dans notre cas, on observe un décalage du potentiel normal d'environ 100 mV par rapport à cette valeur. Ceci peut s'expliquer par la stabilisation du dFc sous sa forme réduite favorisée par l'environnement hydrophobe, mais aussi par le fait que la liaison amide joue le rôle d'attracteur d'électrons rendant ainsi difficile le passage des électrons et par la suite l'oxydation du ferrocène. Ces résultats sont très similaires à ceux observés par Chidsey et al. [12] et Fabre et al. [13] qui déterminent un potentiel normal d'environ 0,51 V/ECS pour deux dérivés du ferrocène adsorbés sur un substrat d'or.

Les films redox que nous avons préparés sont stables après 1000 cycles de balayage dans le milieu LiClO$_4$ + carbonate de propylène. La signature électrochimique du dFc ne change pas même après un mois de stockage de ces surfaces dans un environnement propre.

VI-3-3. Détermination électrochimique du recouvrement de la surface de ZnO par la monocouche de dFc

En mesurant le courant faradique anodique (ou cathodique) et la charge anodique (ou cathodique) et en intégrant la surface du pic correspondant, on peut calculer la quantité d'électricité nécessaire à l'oxydation (ou à la réduction) du dFc et en déduire la quantité de sites rédox électrochimiquement accessibles au transfert d'électrons.

La quantité de charge a été obtenue pour les trois types de surfaces à partir des faibles vitesses de balayage où la symétrie des pics est respectée. Pour les surfaces lisses de ZnO modifié, cette quantité de charge correspond à une concentration surfacique de $2{,}24 \ 10^{-10}$ mol cm^{-2}, une aire moléculaire de dFc de 74,1 Å^2 et un taux de recouvrement d'environ 47%. Ces calculs ont été effectués en supposant que la taille d'une molécule de ferrocène est égale à 6,4-6,6 Å, ce qui correspond à une aire moléculaire d'environ 32-35 Å^2 si on considère que les molécules de ferrocène sont des sphères formant un film ordonné et dense sur une surface considérée parfaitement plane [12,13]. Cette concentration surfacique est très proche des valeurs rapportées dans la littérature, ainsi dans le cas de l'adsorption d'un vinylferrocène sur une surface de silicium, on trouve $2{,}40 \ 10^{-10}$ mol cm^{-2} [14].

Pour les nanocolonnes modifiées, la concentration surfacique augmente pour atteindre $2{,}96 \ 10^{-9}$ mol cm^{-2} et une aire moléculaire égale à 5,6 Å^2. Ces valeurs sont très proches de celles observées en considérant les nanotiges $3{,}00 \ 10^{-9}$ mol cm^{-2} et 5,5 Å^2. Il faut bien noter que ces valeurs calculées ne tiennent pas compte de la rugosité totale de la surface. Le ferrocène peut aussi se fixer sur les faces latérales et dans ce cas le taux de rugosité doit être calculé et pris en considération lors de ces mesures de façon à normaliser les résultats obtenus.

Le taux de rugosité de la surface est défini comme étant le rapport entre l'aire réelle et l'aire géométrique de l'électrode selon l'équation suivante :

$$\tau_{\text{rugosité}} = A_{\text{réelle}} / A_{\text{géométrique}} \tag{1}$$

L'aire réelle est déterminée à partir de la quantité de charge calculée dans le cas de l'adsorption du dFc sur une surface rugueuse de ZnO modifié et l'aire géométrique à partir de celle calculée pour une surface lisse modifiée. On calcule ainsi un taux de rugosité respectivement égal à 13,2 et 13,4 pour les nanocolonnes et les nanotiges. Si on corrige la valeur de l'aire moléculaire par la rugosité, on retrouve des valeurs égales à 74 Å^2 et 73,7 Å^2 très proches de la valeur observée sur les supports lisses.

Dans la suite de ce chapitre, nous nous sommes intéressés à coupler l'électrochimie à la mesure d'angle de contact et cela à l'aide de la technique d'électromouillage qui consiste à mesurer les variations de l'angle de contact en fonction du potentiel électrique appliqué à la goutte de liquide.

VI-4. Mesures d'électromouillage sur la monocouche de ferrocène dFc

Un contrôle électrique de l'interface solide-liquide par application d'un potentiel génère des forces électriques qui modifient la mouillabilité de la surface. Ce phénomène est appelé **électromouillage**. La nécessité de travailler avec des volumes de liquide très réduit (surtout dans le domaine de la microfluidique) a motivé les chercheurs à avancer dans ce domaine [15].

Récemment Zhu et al. [16] ont publié un travail sur la modification de l'hydrophobicité de surfaces formées par des nanotubes de carbone en appliquant un potentiel à une goutte posée sur ces surfaces. Les valeurs d'angles de contact diminuent au fur et à mesure de l'augmentation du potentiel électrique appliqué. Dans de nombreuses études, le potentiel appliqué pour réduire la tension interfaciale solide-liquide est supérieur à 5 V. McHale et al. [17,18] ont étudié l'effet de l'application d'un potentiel électrique sur des surfaces superhydrophobes. Ils montrent que la valeur de l'angle de contact diminue quand le potentiel appliqué à la surface augmente. Le passage d'une surface de type Cassie Baxter où la goutte est presque sphérique à une surface de type Wenzel où le liquide remplit la surface rugueuse est alors observé. On trouve aussi d'autres travaux dans ce domaine comme ceux publiés par Lin et al. [19].

A ce jour, il n'existe pas de travaux dans la littérature qui concernent l'électromouillage de surfaces de ZnO. Afin de suivre l'oxydation du ferrocène à l'interface, nous avons décidé d'étudier l'évolution de l'angle de contact d'une goutte de solution aqueuse sur la surface modifiée par adsorption du dFc. Pour cela, nous avons fabriqué au laboratoire un dispositif qui sera décrit dans le paragraphe suivant. Cette étude décrite dans la dernière partie de ce mémoire n'est pas complète et nécessite des tests complémentaires pour aboutir à des conclusions fiables.

VI-4-1. Dispositif expérimental d'électromouillage

Le potentiel imposé à la goutte est assuré par l'intermédiaire d'une seringue remplie d'électrolyte support (KCl 1M) et maintenue dans la goutte grâce à une aiguille (figure 6). Le film de ZnO modifié par dFc constitue l'électrode de travail. Son potentiel, imposé à l'aide d'un potentiostat, est repéré par rapport à une électrode de référence Ag/AgCl. L'angle de contact est mesuré pour chaque valeur du potentiel. Le dispositif est placé dans une chambre thermostatée à 25°C pour minimiser l'évaporation de la goutte.

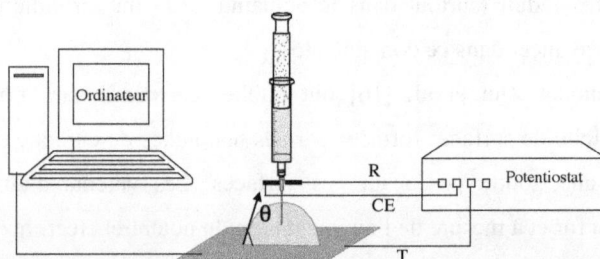

Figure 6 : Dispositif fabriqué au laboratoire et piloté par un ordinateur et un potentiostat : une seringue remplie de KCl 1 M au contact d'une goutte déposée sur une surface de ZnO modifiée par dFc.

La stabilité du potentiel de l'électrode de référence est vérifiée avant et après chaque série de mesures. Elle varie entre -13 mV et -16 mV/ECS.

VI-4-2. Mesures d'angles de contact en fonction du potentiel appliqué

Des mesures d'angles de contact statiques sont réalisées sur les surfaces modifiées avant imposition du potentiel. Dans le tableau 1, nous avons regroupé les valeurs d'angles de contact obtenues sur les différentes morphologies de ZnO modifiées. Les mesures d'électromouillage nécessitent que le volume de la goutte soit suffisamment grand (environ 5 µL) pour que la goutte ait toujours la forme d'une calotte sphérique d'autant plus que la seringue doit rester en contact avec cette goutte tout au long des mesures.

Type de surface	$\theta \pm 5°$
ZnO lisse	96
Nanocolonnes de ZnO	110
Nanotiges de ZnO	126

Tableau 1 : Valeurs d'angles de contact statiques mesurés sur les différentes morphologies de ZnO. Volume de la goutte = 5 µL.

L'électrolyte support étant le KCl, nous avons tout d'abord caractérisé le système redox par électrochimie dans ce milieu. La figure 7 montre le voltampérogramme tracé dans ce milieu pour une surface de ZnO modifiée. On peut distinguer nettement les deux pics d'oxydation et de réduction du ferrocène. Ainsi caractérisées, ces surfaces peuvent être maintenant utilisées pour réaliser les expériences d'électromouillage.

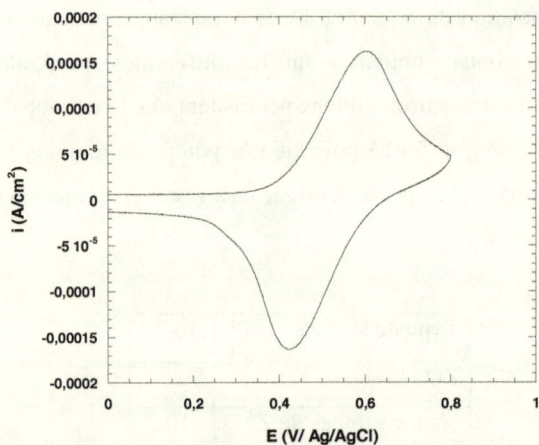

Figure 7 : Voltampérogramme enregistré à 100 mV s^{-1} dans un milieu KCl 1M sur une électrode constituée de nanotiges de ZnO modifiée par dFc. Electrode de référence : Ag/AgCl, Contre-électrode : Platine.

Ces expériences sont assez délicates, une attention particulière doit être accordée à l'évaporation de la goutte durant les expériences pour éviter toute modification de la valeur d'angle de contact. Cette valeur est mesurée pour chaque potentiel appliqué. Plusieurs séries de mesures ont été réalisées. Chaque série concerne l'étude du comportement d'au moins cinq gouttes déposées sur la surface. On observe une diminution de θ (figure 8) lorsque le potentiel appliqué au support augmente. L'oxydation du ferrocène en ferricinium fait apparaître à la surface du support des charges diminuant ainsi la valeur de l'angle de contact.

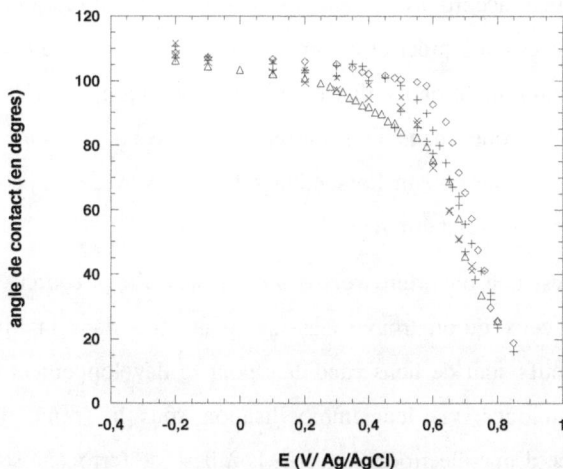

Figure 8 : Variations de l'angle de contact en fonction du potentiel électrique. Ces séries de mesures d'électromouillage sont effectuées sur une surface de nanocolonnes de ZnO modifiées par dFc.

D'une série à l'autre, les valeurs d'angles de contact observés ne sont pas parfaitement reproductibles, et cela essentiellement dans le domaine de potentiel compris entre 0,4 et 0,8 V. On observe un léger décalage qui peut être dû à la variation du volume initial de la goutte lors de sa formation sur la surface modifiée. Ce phénomène peut aussi avoir pour origine le fait que la seringue est maintenue dans la goutte ce qui peut la déformer légèrement. Après avoir été stockées pour 24h, ces surfaces présentent un comportement réversible, l'angle de contact mesuré est > 100°.

VI- 5. Conclusion

Cette partie présente une étude préliminaire sur la fonctionnalisation des différentes morphologies des films de ZnO par un dérivé à base d'une unité rédox, le ferrocène. Les couches adsorbées sont caractérisées par électrochimie, ce qui nous a permis de déterminer différents paramètres comme le potentiel normal et le taux de recouvrement. Cette étude a montré un comportement proche de l'idéal des différentes caractéristiques électrochimiques comme par exemple la largeur à mi-hauteur des pics obtenus et une réversibilité des pics d'oxydation et de réduction. Nos résultats sont en bon accord avec ceux trouvés dans la littérature. Néanmoins, d'autres paramètres restent à préciser comme par exemple l'effet de la concentration du ferrocène en solution, le choix du solvant le plus approprié, l'effet du temps d'immersion des électrodes dans la solution de ferrocène. Tous ces paramètres doivent être optimisés pour obtenir l'assemblage le plus couvrant et performant. Des études cinétiques doivent aussi être réalisées.

Ce chapitre est une ouverture vers des domaines d'applications des films de ZnO différents de ceux qu'on trouve classiquement cités dans la littérature. Ces récepteurs électroactifs sont de bons candidats pour le développement de nouveaux capteurs électrochimiques, via leur immobilisation sous la forme d'une couche sensible à la surface d'une électrode. Les SAMs à base de ferrocène sont largement employés comme modèles pour les surfaces biologiques et comme transducteurs ampérométriques. Ces récepteurs rédox dérivés du ferrocène ont de nombreuses applications dans l'optoélectronique, la détection d'espèces chimiques, biologiques, cations ou de métaux alcalins, alcalino-terreux et de transition, ainsi que d'anions inorganiques ou comme membranes permsélectives vis-à-vis d'une espèce particulière. Ils peuvent avoir de nombreuses applications en microfuidique.

Pour toutes ces nouvelles applications, je peux affirmer que cette dernière partie de ma thèse apporte des informations utiles, toutefois d'autres expériences doivent être réalisées pour compléter les résultats présentés ici ainsi que leurs interprétations. Ce travail a été publié dans *Advanced Materials Journal* attaché ci-dessous.

Références

---

[1] L., Nony ; R., Boisgard ; J.P., Aimé *Biomacromolecules* **2001**, *2*, 827.

[2] L.S., Shlyakhtenko ; A.A., Gall ; A., Filonov ; Z., Cerovac ; A., Lushnikov ; Y.L., Lyubchenko *Ultramicroscopy* **2003**, *97*, 279.

[3] S.J., Oh ; S.J., Cho ; C.O., Kim ; J.W., Park *Langmuir* **2002**, *18*, 1764.

[4] A., Wang ; H., Tang ; T., Caoo ; S.O., Salley ; N.G., Simon *Journal of Colloid and Interface Science* **2005**, *291*, 438.

[5] Q., Weiping ; X., Bin ; W., Lei ; W., Chunxiao ; Y., Danfeng ; Y., Fang ; Y., Chunwei ; W., Yu *Journal of Colloid and Interface science* **1999**, *214*, 16.

[6] H., Nam ; M., Granier ; B., Boury ; S.Y., Park *Langmuir* **2006**, *22*, 7132.

[7] G.A., Tishchenko ; J., Brus ; J., Dybal ; M., Pekárek ; Z., Sedláková ; M., Bleha ; Z., Bastl *Langmuir* **2006**, *22*, 3633.

[8] A., Peramo ; A., Albritton ; G., Matthews *Langmuir* **2006**, *22*, 3228.

[9] M.C., Pirrung *Angewandte Chemie International Edition* **2002**, *41*, 1276.

[10] Y.D., Zhao ; D.W., Pang ; S., Hu ; Z.L., Wang ; J.K., Cheng ; H.P., Dai *Talanta* **1999**, *49*, 751.

[11] A.J., Bard ; L.R., Faulkner Electrochemical Methods. Fundamentals and Applications; Willey: New York, NY, **1980**; p. 522.

[12] C.E.D., Chidsey ; C.R., Bertozzi ; T.M., Putvinski ; A.M., Mujsce *J. Am. Chem. Soc.* **1990**, *112*, 4301.

[13] B., Fabre ; F., Hauquier *J. Phys. Chem. B* **2006**, *110*, 6848.

[14] K.M., Roth ; A.a., Yasseri ; Z., Liu ; R.B., Dabke ; V., Malinovskii *J. Am. Chem. Soc.* **2003**, *125*, 505. E.A., Dalchiele ; A., Aurora ; G., Bernardini ; F., Cattaruzza ; A., Flamini ; P., Pallavicini ; R., Zanoni ; F. Decker *J. Electroanal. Chem.* **2005**, *579*, 133.

[15] F., Mugele ; J.Ch., Baret *J. Phys. Condens. Matter* **2005**, *17*, R705.

[16] L., Zhu ; J., Xu ; Y., Xiu ; Y., Sun ; D.W., Hess ; C.P., Woung *J. Phys. Chem. B* **2006**, *110*, 15945.

[17] G., McHale ; DL., Herbertson ; S.J., Shirtcliffe ; M.I., Newton *Langmuir* **2007**, *23*, 918.

[18] D.L., Herbertson ; C.R., Evans ; N.J., Shirtcliffe ; G., McHale ; M.I., Newton *Sensors and Actuators A* **2006**, *130-131*, 189.

[19] J.L., Lin ; G.B., Lee ; Y.H., Chang ; K.Y., Lien *Langmuir* **2006**, *22*, 484.

**ADVANCED
MATERIALS**

COMMUNICATION

Nanostructured ZnO-Based Surface with Reversible Electrochemically Adjustable Wettability

By *Chantal Badre* and *Thierry Pauporté**

The design of advanced surfaces with remarkable wetting properties prepared from various materials such as polymers, carbon, silicon, or oxides has drawn increasing interest for both fundamental research and practical applications. Many advances are related to the recent developments in chemical and topographical structuring of surfaces that led to nanostructured layers with a large variety of hierarchical structures and controlled surface energy, and have prompted the reporting in the literature of surfaces with interesting wetting properties.[1–3] One example is the reporting by several groups of superhydrophobic films with a water contact angle (WCA) higher than 175° and a very low advancing/receding WCA hysteresis.[4–8] In many applications, such as microfluidic switches and pumps, lab-on-chip systems, microlenses, and fiber optics, it is of importance to develop smart surfaces that are able to undergo fast and reversible wettability changes in response to an external signal.[9,10] The above-mentioned applications require externally induced wettability changes and cannot be monitored by the intrinsic properties of the liquid (pH, temperature, etc.). Several solutions have been proposed in the literature, with many papers pointing out WCA changes induced by UV-light irradiation, storage in the dark, or thermal treatment.[11–20] For instance, roughness-enhanced thermal responsive wettability of a polymer has been reported in poly(N-isopropylacrylamide).[20] Reversible WCA changes on various oxide surfaces have also been described for TiO₂,[12–14] SnO₂,[15] and ZnO.[16–19] The WCA drops to a low value after several hours of UV-light irradiation and the initial high WCA is recovered after storage in the dark for more than a week. These treatment times are not compatible with smart device applications, for which the switch from one state to another should take only a few seconds or less.

An alternative attractive solution is to take advantage of the electrowetting (EW) properties of various surfaces. EW is the changing of the wettability of a surface by applying a voltage; altering the surface free energy of a material allows the control of the droplet contact angle.[10,21–29] Some papers present EW microfluidic systems in which the surface wettability plays an important role.[21] However, many papers are related to silicon technology and deal with SiO₂ dielectric layers that require high voltages of several tens or hundreds of volts to show the EW phenomenon.[22] EW on insulating polymers such as Teflon encounters the same difficulties.[23–25] The polymer coating is used to separate the electrode (classically a metallic one) from the liquid and to avoid corrosion.[26] Wettability changes can also be induced by doping a polymer.[29] Recently, Zhu et al.[27] measured a noticeable variation of the WCA on aligned carbon nanotubes after applying a voltage in the 5 to 30 V range.

Here, an approach is presented that is based on the derivatization by a redox molecule of a conducting surface made of electrodeposited ZnO; the approach may be generalized to other conducting oxide surfaces. Self-assembled monolayers (SAMs) of active molecules on various surfaces such as gold or silicon have attracted much attention because of their numerous applications, for example, in molecular electronic devices or in biosensors.[30–33] Surprisingly, the grafting of redox molecules, and especially of ferrocene on oxides, is much less developed. It will be shown that a sub-monolayer of a ferrocene-based molecule can be grafted on ZnO surfaces. The molecule is N(3-trimethoxysilyl)propylferrocenecarboxamide, denoted dFc, specially designed to present good anchoring on the substrate. The ferocene/ferrocenium redox change is used to adjust the surface free energy to switch the surface progressively and reversibly from a hydrophobic to a superhydrophilic state. The operating potential is low due to the good conductivity of the derivatized ZnO layer and the contact angle can be set over a large range, from 110° to less than 6°, within a narrow and easily controllable electrochemical potential range. Moreover, the use of a conducting oxide as the electrode eliminates corrosion concerns.

ZnO films were prepared by electrodeposition, a solution-based method that yields a large variety of thin-film morphologies depending on the bath composition. As shown in Figure 1, two different film morphologies have been investigated: i) flat and dense ZnO films preferentially oriented with the c-axis perpendicular to the substrate (denoted d-ZnO) were obtained on fluoride-doped SnO₂-coated glass at a relatively high zinc ion concentration (Fig. 1A);[34] ii) films with a higher roughness made of an array of ZnO nanorods (denoted r-ZnO) were prepared at a low zinc ion concentration (Fig. 1B).[35]

The propensity of zinc oxide surfaces to react with organic or organometallic molecules containing carboxylic acid or silane functional groups has been already largely used to modify surface free energy of this oxide[3,8,36] or to govern the formation of original nanostructures of solution-grown ZnO.[37–39] In the first step, an attempt was made to modify d-ZnO and r-ZnO film surfaces directly with ferrocene carboxylic acid molecules (1 in

[*] Dr. Th. Pauporté
Laboratoire d'Electrochimie et de Chimie Analytique, UMR-CNRS 7575, École Nationale Supérieure de Chimie-Université Pierre et Marie Curie-Paris-6
11 rue Pierre et Marie Curie, 75231 Paris Cedex 05 (France)
E-mail: thierry-pauporte@enscp.fr

Dr. C. Badre
Laboratoire d'Electrochimie et de Chimie Analytique, UMR-CNRS 7575, Université Pierre et Marie Curie-Paris-6
4 place Jussieu, 75252 Paris Cedex 05 (France)

DOI: 10.1002/adma.200801555

WILEY
InterScience®

COMMUNICATION

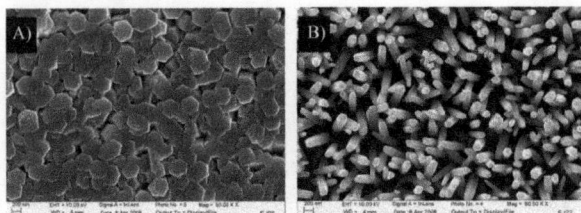

Figure 1. Scanning electron microscopy (SEM) images of ZnO substrate films: A) dense ZnO film (denoted d-ZnO); B) arrayed ZnO nanorod film (noted r-ZnO).

Fig. 2A). The electrochemical signal stemming from the oxido-reduction of surface ferrocene was weak and poorly reproducible. This led to the testing of a specially designed ferrocene derivative. The molecule was formed by bonding a ferrocene carboxylic acid molecule to an aminopropyltrimethoxy silane (APTMS) molecule to form an amide derivative according to the reaction presented in Figure 2A. The product of the reaction (2 in Fig. 2A) is dFc. dFc was then grafted by its silane group to the ZnO film surfaces. Figure 2B shows the dFc molecule in its minimum-energy configuration.

Curve a in Figure 3A shows the voltamperometric response of a d-ZnO film derivatized by dFc and cycled at 10 mV s⁻¹ between −0.2 and 0.75 V/SCE (SCE: saturated calomel electrode) in a 0.1 M LiClO$_4$/propylene-carbonate (PC) solution. Compared to the initial pure d-ZnO film that exhibited capacitive behavior when swept in this potential range (not shown), the modified film exhibits a well-defined reversible redox peak that can be unambiguously assigned to the ferrocene–ferrocenium redox couple grafted at the oxide surface. The electrochemical response is typical of a fast electron transfer. The same voltammograms were recorded with the dFc-modified r-ZnO films, but the current densities of the peaks and the total charge exchanged under the peaks were much higher (Fig. 3A, curve b).

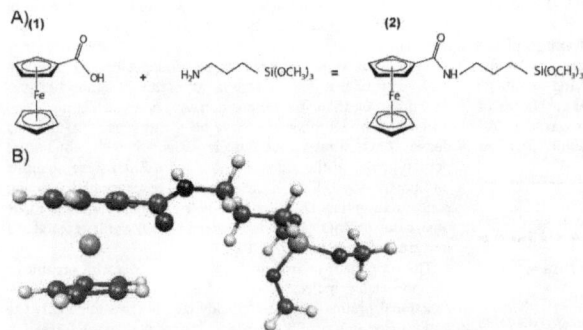

The intensities of the anodic and cathodic peaks were significantly increased when the sweep rate was raised to 25 mV s⁻¹ (Fig. 3A, curve c). Figure 3B shows the voltammograms recorded between 50 and 900 mV s⁻¹. The shape of the voltammogram peak was independent of ν, the scan rate. At high values of ν, the oxidation peak was observed to shift in the positive direction while the reduction peak was observed to shift in the negative direction, indicating that the voltammetry was controlled by the rate of the dFc electron transfer. All these characteristics are in agreement with those observed for adsorbed electroactive groups. The ratio of the anodic to cathodic peak currents (j_a/j_c) was close to one. The presence of surface-confined redox molecules was proven by the linear relationship between the peak currents and ν in the 10 to 900 mV s⁻¹ range (Fig. 3C). The anodic and cathodic slope values were very close, nearly equal to 0.9 (Fig. 3C).

On a Pt electrode, the ferrocene–ferrocenium redox potential in 0.1 M LiClO$_4$/PC is measured to be 0.30 V/SCE. Figure 3A shows that $E^O = 0.52 \pm 0.07$ V/SCE (E^O is the formal potential of the ferrocene–ferrocenium redox species) for both dFc-derivatized d-ZnO and r-ZnO films. Similar values have been reported on other ferrocene/semiconductor assemblies.[33] The 220 mV positive shift in the present systems may be because the organic-chain spacer attached to the ferrocene molecule creates a hydrophobic environment that stabilizes the ferrocene species compared to ferrocenium. Another explanation is the electron-withdrawing character of the amide bond making the oxidation of ferrocene more difficult. The systems presented here were proved highly stable because the voltammograms remained unchanged even after 1000 electrochemical cycles between −0.2 and 0.7 V/SCE and the electrochemical behavior of the molecule remained stable even after two months of storage in a clean place under ambient conditions.

The total amount of attached dFc was determined by integrating the charge exchanged under the peaks in the voltammograms at low scan rate (10 mV s⁻¹). The molecular density of dFc on d-ZnO films was found to be 2.24×10^{-10} mol cm⁻². Density functional theory (DFT) calculations led to a length and a width of the free dFc molecule of 14 Å and 5.5 Å, respectively, and to a molecular volume of 316.7 cm³ mol⁻¹. The area-per-molecule of dFc assembled as a compact monolayer was calculated to be about 0.46 nm²; the measured molecular density corresponds therefore to a monolayer coverage of approximately 62%. A moderate molecular density is required to favor the charge transfer between the ferrocene group and the surface since the electron cannot be transferred by means of the long insulating spacer of the dFc molecule. Similarly, the peak charge integration in the case of the nanostructured dFc/r-ZnO films led to a density of 2.94×10^{-9} mol cm⁻². This

A)

B)

Figure 2. A) Synthesis of N(3-trimethoxysilyl)propylferrocenecarboxamide (2) from ferrocene carboxylic acid (1) and aminopropyltrimethoxy silane. B) The dFc molecule (2) in its minimum-energy configuration.

value is 13 times higher than the one recorded on the smooth film and is due to the higher surface roughness.

After preparation, the surfaces of the as-derivatized ZnO films were hydrophobic. Indeed, the contact angle measured with a pure water droplet, denoted θ, was about 93° for the dense films (dFc/d-ZnO) and 110° for the nanorod films (dFc/r-ZnO). It is well-known that surface roughness amplifies hydrophobicity.[40] The dFc/r-ZnO film was tested for its contact-angle sensitivity to various electrochemical potentials. A contact-angle measurement setup was specially designed to precisely monitor the potential applied to the surface in contact with the droplet vs. a reference electrode (see Fig. 4A). The reference electrode was an Ag/AgCl wire in contact with a 1 M KCl solution that was filled in a syringe and with a constant potential of 0.22 V vs. the normal hydrogen electrode (NHE).[41] A Pt wire was used as the counterelectrode. The electrochemical potential of the surface was controlled by a potentiostat. A droplet of KCl solution was formed at the tip of the syringe needle and used to measure θ.

Between −0.2 and 0.5 V the surface was hydrophobic and the contact angle decreased slightly from 110° to 98° (Fig. 4B). The dFc molecule was not charged in its reduced state and endowed the surface with a low surface free energy. At higher potentials, an edge was observed with a drop in θ. At applied potentials higher than 0.85 V vs. Ag/AgCl the contact angle was very difficult to measure as the droplet left the needle tip and spread over the surface. That wettability change is due to the oxidation of the dFc molecule: $dFc \rightarrow dFc^+ + e^-$. The ferrocenium form is charged and the surface is endowed with a higher surface free energy. Figure 4B shows that the wettability of the surface is easily adjustable within a contact-angle range between 100° and <10° by controlling the applied potential between 0.4 and 0.9 V vs. Ag/AgCl. This behavior was reversible and high θ could have been recovered by polarizing the electrode at a potential lower than 0.4 V vs. Ag/AgCl or by storing the sample under ambient conditions.

The shape of the θ–E curve (Fig. 4B) may be understood by regarding the dFc/r-ZnO film as a composite surface with reduced and oxidized dFc/dFc$^+$ sites. After correction for surface roughness, denoted by r,[42,43] θ can be written as

$$\cos \theta = r(f_R \cos \theta_R + f_O \cos \theta_O) \quad (1)$$

where f_R and f_O are the fractions of the surface covered with dFc and dFc$^+$, respectively, and

$$f_R + f_O = 1 \quad (2)$$

θ_R and θ_O are the contact angles of pure dFc and dFc$^+$-derivatized surfaces, respectively. As dFc/dFc$^+$ is a redox couple, f_R and f_O are governed by the Nernst equation:

$$E = E° + (RT/F) \ln(a_O/a_R) \quad (3)$$

where a_O and a_R are the activities of the oxidized and reduced species, respectively, R is the molar gas constant, T is the absolute temperature, F is the Faraday constant, $E°$ is the formal potential of the redox species and E is the surface potential. In the present case, one can approximate a_O and a_R to f_O and f_R, respectively:[44]

$$E = E° + (RT/F) \ln((1 - f_R)/f_R) \quad (4)$$

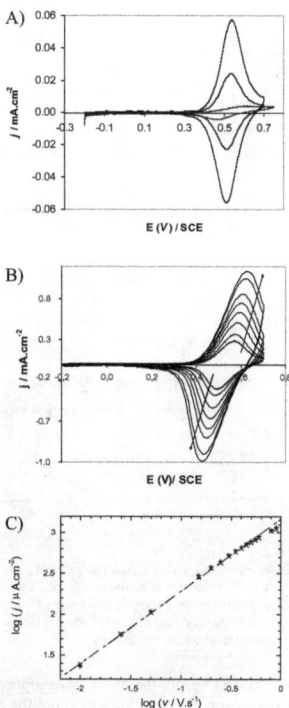

Figure 3. Cyclic voltametry in 0.1 M LiClO₄/PC at room temperature on a dFc/d-ZnO film electrode at a scan rate of 10 mV s⁻¹ (a) and on a dFc/r-ZnO film electrode at 10 mV s⁻¹ (b) and 25 mV s⁻¹ (c); j: current density; E: voltage. B) Cyclic voltametry between 50 and 900 mV s⁻¹ on a dFc/r-ZnO film electrode in 0.1 M LiClO₄/PC. C) Plot of log(jₚ) vs. log(ν) of the anodic (x) and the cathodic (+) peaks of dFc/r-ZnO electrodes determined from curves A and B; Iₚ: peak current density; ν: scan rate. The dashed line is a linear fit.

and

$$f_R = \frac{1}{[\exp((F/RT)(E - E°)) + 1]} \quad (5)$$

Equations 1, 2, and 5 yield the relationship between θ and the applied potential, E

$$\cos \theta = \frac{r(\cos \theta_R - \cos \theta_O)}{[\exp((F/RT)(E - E°)) + 1]} + r \cos \theta_O \quad (6a)$$

The fit of the experimental results to Equation 6a is shown in Figure 4C. It exhibits a sharp wetting transition compared to the

A)

camera

B)

C)

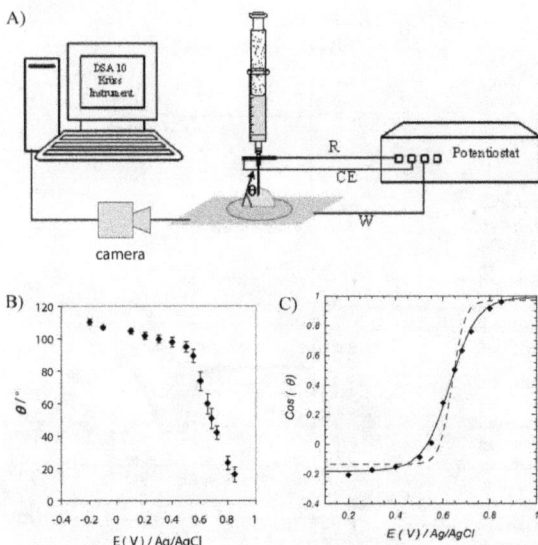

Figure 4. A) Experimental setup for contact-angle measurements at controlled electrochemical potentials, R: reference electrode, CE: counter electrode, and W: working electrode. B) Steady-state mean experimental values of θ as a function of the applied potential, E. C) Experimental values of $\cos\theta$ plotted against E (dots) and fits to Equation 6a (dashed line) and Equation 6b (solid line).

experimental data. To improve the fit, we have supposed that the activity of the redox species at the surface is not equal to the coverage but is a power, α, of the coverage with a_O and a_R equal to $f_O{}^\alpha$ and $f_R{}^\alpha$, respectively.

The new relationship is written:

$$\cos\theta = \frac{r(\cos\theta_R - \cos\theta_O)}{[\exp((F/\alpha RT)(E - E^\circ)) + 1]} + r\cos\theta_O \qquad (6b)$$

Figure 4C shows that Equation 6b provides a better fit to the experimental curve. From the fit, the following parameters of the system were determined: $r\cos\theta_R$ and $r\cos\theta_O$ were -0.18 ± 0.023 and 0.99 ± 0.059, respectively; α was equal to 2.2 ± 0.27 and E° was measured to be 0.63 ± 0.1 V vs. Ag/AgCl.

It has been demonstrated that ZnO surfaces can be endowed with electrochemically controllable wetting properties by grafting of a ferrocene silane molecule. The molecule has been designed to contain both a redox functionality and an anchoring functionality separated by an alkyl spacer. The system exhibits a fast and reversible electrochemical response and is highly stable. Contact angles can be easily and reversibly adjusted over a large range of values by controlling the surface electrochemical potential. A model explains the observed wettability. It assumes that the films behave like a composite surface covered by a ferrocene derivative in both the reduced and oxidized state, and

obey a Nernstian electrochemical behavior. At potentials around the E° of the attached dFc molecules, the surface has a mixed redox composition and θ changes rapidly. The process may be generalized to generate other oxide-based smart surfaces. Moreover, it may be implemented to address an array of small-surface electrodes. These smart surfaces may find numerous applications, for example, in drug delivery, lenses, biochips, microfluidics (switches and pumps), or biosensors.

Experimental

Dense ZnO films and nanorod-array ZnO films were prepared by cathodic electrodeposition on a F-doped SnO$_2$-coated glass in a standard three-electrode reactor at 70 °C, using an aqueous solution of 5 or 0.2 mM ZnCl$_2$ (98%, Merck), respectively, and 0.1 M KCl (99.5%, Merck) as supporting electrolyte. Molecular oxygen at saturation was used as the hydroxide precursor. A slight O$_2$ bubbling was maintained in the solution during film deposition.

The dFc compound (2) was synthesized according to the reaction presented in Figure 2A. 2 mM of ferrocenecarboxylic acid (Fluka) and 2.2 mM of N-(3-dimethylaminopropyl)-N'-ethylcarbodiimidehydrochloride (EDC ≥ 97%) were dissolved in 20 mL of dichloromethane (purex SDS) under ultrasound. 3 mM of 3-(trimethoxysilylpropylamin) (EDC ≥ 97%) was added to the solution and the mixture was stirred for 4 h at 25 °C. The clear brown mixture was concentrated and separated by chromatography on a silica-gel stationary phase, using a mixture of dichloromethane and acetone (1/8 v:v ratio) as eluant. The separation generated an orange solid product (2) with a 38% yield.

The presence of product 2 was checked with NMR (^{1}H, ^{13}C) and mass spectrometry (MS) analysis:

^{1}H NMR (CDCl$_3$): δ 0.65–0.68 (t, $J_{HH} = 7.8$ Hz, 2H; Si–CH$_2$); 1.67–1.70 (q, $J_{HH} = 7.6$ Hz, 2H; CH$_2$–CH$_2$–CH$_2$); 3.35–3.36 (q, $J_{HH} = 5.5$ Hz, 2H; NCH$_2$); 3.59–3.6 (s, 9H; O–CH$_3$); 4.16 (s, 5H, c-C$_5$H$_5$), 4.28 (s, 2H; c-C–CH–CH–CH), 4.65 (s, 2H; c-C–CH–CH–CH), 6.0 (t, $J_{HH} = 5.3$ Hz, 1H; NH).

^{13}C NMR (CDCl$_3$): δ 6.8 (Si–CH$_2$); 23.3 (CH$_2$–CH$_2$–CH$_2$); 42.0 (NCH$_2$); 50.9 (O–CH$_3$); 68.3, 69.9, 70.5 (c-C$_5$H$_5$, c-C–CH–CH–CH); 76.9 (c-C–(CH)$_5$); 170.3 (C=O).

MS (ESI+): $m/z+ = 391.1$ calculated mass for FeSiC$_{17}$H$_{25}$O$_4$N (391 g mol^{-1}).

The geometry of the N(3-trimethoxysilyl)propylferrocenecarboxamide molecule, defined as a real minimum in energy, was performed at DFT level using the hybrid functional PBE0 (PBE: Perdew–Burke–Erzenrhof) with a minimal basis (3-21G). The molecular volume computed is defined as the volume inside a contour of density 0.001 electrons per cubic Bohr.

The d-ZnO and r-ZnO films were modified by immersing the substrates into an ethanolic solution of 5 mM dFc for 24 hours followed by rinsing in absolute ethanol (≥99.8% from NORMAPUR). They were stored in a clean dry place. Note that this step can be also carried out with dichloromethane solvent.

The cyclic voltammograms were measured at various scan rates with a VOLTALAB Radiometer Analytical L PGZ 301 controlled with Voltmaster 4 Software. A three-electrode cell configuration was used. The working electrode was the ZnO-based surface, the counterelectrode was a Pt wire and the reference was an SCE. The organic electrolytic solution was 0.1 M LiClO$_4$ in PC. The electrochemical measurements were done under a constant flow of argon at room temperature.

SEM images were obtained from an Ultra 55 Zeiss FEG scanning electron microscope. The contact angle was measured at a controlled electrochemical potential. The measurement setup designed for this

© 2009 WILEY-VCH Verlag GmbH & Co. KGaA, Weinheim

purpose is shown in Figure 4A. A syringe was filled with an aqueous 1 M KCl electrolytic solution. A drop was formed and the tip of the syringe was maintained in the drop during the experiment. The basis of the syringe needle was drilled for fixing a Pt wire as counterelectrode and an Ag/AgCl wire as reference electrode. The dFc/r-ZnO surface was connected to the working electrode input of an EGG PAR 362 potentiostat. The entire system was kept at a constant temperature of about 25 °C using a thermostat. The electrochemical potential of the working electrode was fixed while the static contact angle was measured, after stabilizing the system, with a Krüss DSA 10 instrument (1.90.014 version). The measurements were carried out with extreme caution: the droplet volume was the same for each potential investigated, many droplets were measured on each film and this was done on different films prepared under identical conditions. For each droplet on a given substrate, approximately 80 images were recorded and averaged to obtain a mean contact angle.

Acknowledgements

The authors are grateful to Dr. I. Ciofini (LECA-ENSCP, France) for density functional theory (DFT) calculations and the minimum-energy configuration imaging of dFc, and to Dr. D. Lincot and Dr. M. Turmine (LECA-ENSCP, France) for fruitful discussions.

Received: May 18, 2008
Published online: December 4, 2008

[1] M. Ma, R. M. Hill, *Curr. Opin. Colloid Interface Sci.* **2006**, *11*, 193.
[2] J. Bico, U. Thiele, D. Quéré, *Colloids Surf. A* **2002**, *206*, 41.
[3] C. Badre, T. Pauporté, M. Turmine, D. Lincot, *Superlattices Microstruct.* **2007**, *42*, 99.
[4] M. T. Khorasani, H. Mirzadeh, Z. Kermani, *Appl. Surf. Sci.* **2005**, *242*, 339.
[5] W. Chen, A. Y. Fadeev, M. C. Hsieh, D. Öner, J. Youngblood, T. J. McCarthy, *Langmuir* **1999**, *15*, 3395.
[6] L. Gao, T. J. McCarthy, *Langmuir* **2006**, *22*, 2966.
[7] E. Hosono, S. Fujishira, I. Honma, H. Zhou, *J. Am. Chem. Soc.* **2005**, *127*, 13458.
[8] C. Badre, T. Pauporté, M. Turmine, D. Lincot, *Nanotechnology* **2007**, *18*, 365705.
[9] H. Gau, S. Herminghaus, P. Lenz, R. Lipowsky, *Science* **1999**, *283*, 46.
[10] F. Mugele, J. C. Baret, *J. Phys. : Condens. Matter* **2005**, *17*, R705.
[11] R. Wang, K. Hashimoto, A. Fujishima, M. Chikuni, E. Kojima, A. Kitamura, M. Shimohigoshi, T. Watanabe, *Nature* **1997**, *388*, 431.
[12] N. Sakai, A. Fujishima, T. Watanabe, K. Hashimoto, *J. Phys. Chem. B* **2003**, *107*, 1028.
[13] Z. Zhou, F. Li, Q. Song, T. Yi, X. Hou, C. Huang, *Chem. Lett.* **2005**, *34*, 1298.
[14] W. Sun, S. Zhou, P. Chen, L. Peng, *Chem. Commun.* **2008**, 603.
[15] W. Zhu, X. Feng, L. Feng, L. Jiang, *Chem. Commun.* **2006**, 2753.
[16] X. Feng, L. Feng, M. Jin, J. Zhai, L. Jiang, D. Zhu, *J. Am. Chem. Soc.* **2004**, *126*, 62.
[17] H. Liu, L. Feng, J. Zhai, L. Jiang, D. Zhu, *Langmuir* **2004**, *20*, 5659.
[18] M. Miyauchi, A. Shimai, Y. Tsuru, *J. Phys. Chem. B* **2005**, *109*, 13307.
[19] Z. Zhang, H. Chen, J. Zhong, G. Saraf, Y. Lu, *J. Electron. Mater.* **2007**, *36*, 895.
[20] V. P. Gilcreest, W. M. Carroll, Y. A. Rochev, I. Blute, K. A. Dawson, A. V. Gorelov, *Langmuir* **2004**, *20*, 10138.
[21] V. Srinivasan, V. K. Pamula, R. B. Fair, *Lab Chip* **2004**, *4*, 310.
[22] T. N. Krupenkin, J. A. Taylor, T. M. Schneider, S. Yang, *Langmuir* **2004**, *20*, 3824.
[23] C. Decamps, J. D. Coninck, *Langmuir* **2000**, *16*, 10150.
[24] D. L. Hertbertson, C. R. Evans, N. J. Shirtcliffe, G. McHale, M. I. Newton, *Sens. Actuators A* **2006**, *130*, 189.
[25] G. McHale, D. L. Hertbertson, S. J. Elliott, N. J. Shirtcliffe, M. I. Newton, *Langmuir* **2007**, *23*, 918.
[26] B. Berge, C. R. Séances, *Acad. Sci, Ser. 2* **1993**, *317*, 157.
[27] L. Zhu, J. Xu, Y. Xiu, Y. Sun, D. W. Hess, C. P. Wong, *J. Phys. Chem. B* **2006**, *110*, 15945.
[28] P. D. Beer, J. J. Davis, D. A. Drillsma-Milgrom, F. Szemes, *Chem. Commun.* **2002**, 1716.
[29] L. Xu, W. Chen, A. Mulchandani, Y. Yan, *Angew. Chem. Int. Ed.* **2005**, *44*, 6009.
[30] A. R. Pike, L. H. Lie, S. N. Patole, L. C. Ryder, B. A. Connolly, B. R. Horrocks, A. Houlton, *AIP Conf. Proc.* **2002**, *3*, 640.
[31] C. E. D. Chidsey, C. R. Bertozzi, T. M. Putvinski, A. M. Mujsce, *J. Am. Chem. Soc.* **1990**, *112*, 4301.
[32] P. A. Brooksby, K. H. Anderson, A. J. Downard, A. D. Abell, *Langmuir* **2006**, *22*, 9304.
[33] B. Fabre, F. Hauquier, *J. Phys. Chem. B* **2006**, *110*, 6848.
[34] A. Goux, T. Pauporté, J. Chivot, D. Lincot, *Electrochim. Acta* **2005**, *50*, 2239.
[35] T. Pauporté, D. Lincot, B. Viana, F. Pellé, *Appl. Phys. Lett.* **2006**, *89*, 233112.
[36] C. Badre, T. Pauporté, M. Turmine, P. Dubot, D. Lincot, *Phys. Rev. E* **2008**, *40*, 2454.
[37] T. Pauporté, T. Yoshida, A. Goux, D. Lincot, *J. Electroanal. Chem.* **2002**, *534*, 55.
[38] T. Pauporté, T. Yoshida, R. Cortès, M. Froment, D. Lincot, *J. Phys. Chem. B* **2003**, *107*, 10077.
[39] A. Goux, T. Pauporté, T. Yoshida, D. Lincot, *Langmuir* **2006**, *22*, 10545.
[40] R. N. Wenzel, *Ind. Eng. Chem.* **1936**, *28*, 988.
[41] A. J. Bard, L. R. Faulkner, *Electrochemical Methods, Fundamentals and Applications*, Wiley, New York **1980**.
[42] A. B. D. Cassie, S. Baxter, *Trans. Faraday Soc.* **1944**, *40*, 546.
[43] A. W. Adamson, A. P. Gast, *Physical Chemistry of Surfaces*, 6th ed., Wiley, New York **1997**, Ch. X.
[44] T. L. Lemmon, J. C. Westall, J. D. Ingle, *Anal. Chem.* **1996**, *68*, 947.

Conclusion générale

Conclusion Générale

L'objectif de ce travail concernait essentiellement l'étude de la réactivité de surface par mesures d'angles de contact. C'est dans ce but que nous avons étudié les propriétés acido-basiques de surface d'un polymère dans lequel nous avons incorporé un acide gras. Bien que ces surfaces ne puissent pas être géométriquement contrôlées à l'échelle microscopique, nous avons montré qu'il était possible d'amplifier considérablement la non-mouillabilité des films par ajout, dans le polymère, de quantités variables d'aérosil («billes» de silice). A partir d'un modèle thermodynamique simple, nous avons pu déterminer des constantes d'acidité sur les différents types de surfaces préparées lisses et « rugueuses ». La morphologie du système joue un rôle important au niveau de ses propriétés physicochimiques et notamment de sa réactivité.

Actuellement, nous assistons à des avancées considérables sur le plan des techniques permettant de concevoir des matériaux dont la morphologie à l'échelle nanométrique est de mieux en mieux maîtrisée. Les surfaces de ces matériaux sont non seulement augmentées mais leur réactivité est amplifiée voire modifiée. Afin de pouvoir étudier l'influence de la morphologie sur la réactivité de surface, nous nous sommes intéressés aux surfaces d'oxyde de zinc (ZnO). Ces oxydes sont étudiés depuis une dizaine d'années au laboratoire et développés par l'équipe films et interfaces (D. Lincot et T. Pauporté). Nous nous sommes appuyés sur leur expertise pour mener à bien nos objectifs. Le ZnO est au cœur d'un grand nombre d'études comme on peut le constater au vu de l'impressionnante bibliographie sur le sujet. L'intérêt pour cet oxyde est essentiellement lié à ses nombreuses applications dans les cellules solaires et photovoltaïques.

Ce travail a nécessité la synthèse de plus de deux cents échantillons afin de tester la reproductibilité et la fiabilité des mesures. Ainsi, des films de ZnO de morphologie différente allant des films denses et lisses à des surfaces très rugueuses comme les nanocolonnes et les nanotiges ont été synthétisés par électrodépôt. La concentration du bain de synthèse semble être un des paramètres clé permettant de déterminer la morphologie des films. Des films hybrides organiques/inorganiques ont pu être préparés en ajoutant au bain des colorants ou des tensioactifs anioniques. La mouillabilité de ces films a été caractérisée en mesurant l'angle de contact de l'eau sur ces surfaces. Le caractère hydrophile ou légèrement hydrophobe semble être dominant pour la plupart des films de ZnO synthétisés sauf dans le cas des nanocolonnes ou des nanotiges où la rugosité de ces surfaces amplifie leur mouillabilité.

Il est connu que la mouillabilité d'une surface peut être aisément modifiable en la fonctionnalisant par des molécules organiques. Ces molécules à faible énergie de surface augmentent la valeur d'angle de contact qui peut tendre parfois vers des valeurs > 170°. L'usage des molécules silicées largement utilisées comme l'octadécylsilane est toxique et cher comme nous avons détaillé dans ce mémoire. D'autres molécules moins chères, non toxiques et plus répandues dans la nature se sont avérées plus efficaces. Ces molécules sont les acides gras comme l'acide stéarique qui dans le cas de nanocolonnes conduit à un angle de contact de 167°. Une étude comparative entre l'acide stéarique et d'autres acides de même longueur de chaîne mais isomères de position comme les acides élaïdique et oléïque montrent une diminution de l'angle de contact jusqu'à une valeur de 140°. Cet effet est essentiellement dû au mode d'adsorption des acides sur le ZnO ainsi qu'à l'orientation des chaînes alkyles en surface.

Un résultat très intéressant et unique a été obtenu en modifiant les nanotiges de ZnO par l'acide stéarique. Les nanostructures de ZnO que j'ai préparées, et notamment les nanotiges, ressemblent, de par leur morphologie, à ce que l'on peut observer dans la nature (feuille de lotus). Cependant, contrairement aux feuilles de lotus, les films nanostructurés de ZnO ne sont pas superhydrophobes. Si l'on regarde de plus près les feuilles de lotus, on constate qu'elles sont constituées de nanofils recouverts de cire. Par biomimétisme et en déposant par auto-assemblage des molécules hydrophobes comme l'acide stéarique, des surfaces superhydrophobes avec un angle de 176° sont obtenues. Cet angle est le plus élevé jamais rapporté sur une surface de ZnO modifiée. Cette méthode peu coûteuse et rapide a permis de stabiliser le ZnO dans des environnements très corrosifs comme des solutions très acides et basiques.

Nous nous sommes enfin intéressés à la réactivité de surface des films nanostructurés de ZnO en y greffant des groupements redox de type ferrocène. Pour cette étude, il a fallu synthétiser la molécule réactive, puis l'adsorber sur les films et enfin caractériser sa présence en surface. Cette caractérisation a été effectuée à partir d'études électrochimiques qui ont permis de déterminer différents paramètres tels que le taux de recouvrement ou le potentiel apparent du couple ferrocène/ferricinium fixé en surface. Dans notre cas, nous avons retrouvé un comportement idéal d'une molécule adsorbée en surface avec toutes les caractéristiques correspondantes. Nous avons envisagé de coupler les techniques électrochimiques aux mesures d'angles de contact. Pour ce faire, nous avons conçu un montage permettant de réaliser des expériences d'électromouillage. La variation de l'angle de contact est suivie en fonction du potentiel appliqué à la goutte par l'intermédiaire d'une seringue. Ce travail préliminaire a permis de montrer qu'il était tout à fait envisageable d'élaborer simplement des capteurs électrochimiques.

La combinaison de tous les résultats obtenus dans ce travail original (ayant d'ailleurs fait l'objet de six publications) s'avère prometteuse quant à l'application des surfaces de ZnO modifiées dans différents secteurs industriels comme par exemple les surfaces superhydrophobes dans l'industrie du verre, dans la protection des métaux mais aussi dans le domaine de la nanobiologie.

Annexes

I-1. Matériels et produits commerciaux utilisés

I-1-1. Références des appareillages utilisés

Distillateur d'eau :

L'eau utilisée a été distillée puis filtrée par un ELGA UHQ II system (κ= 18 MΩ cm^{-1}).

Bain thermostaté :

BIOBLOCK POLYSTAT 34

La précision sur la température régulée est de l'ordre du dixième de degré.

Electrode au calomel saturée en KCl :

Radiometer Analytical XR 100

Cette électrode est généralement protégée par un pont d'agar-agar dans du chlorure de potassium (KCl) à la concentration de 2 mol L^{-1}.

Electrode verre haute alcalinité :

INFORLAB CHIMIE

L'électrode de verre est étalonnée par trois tampons commerciaux de pH 4, 7 et 10.

Potentiomètre/ pH-mètre :

TACUSSEL LPH 530T.

Potentiostat:

VOLTALAB Radiometer Analytical L PGZ 301.

I-2. Références des produits chimiques utilisés

Aérosil R812, DEGUSSA

Chlorure de potassium 99,5% (M = 74,55 g mol^{-1}), MERCK, C.A.S.: 7447-40-7

Chlorure de zinc 98% (M = 136,28 g mol^{-1}), MERCK, C.A.S.: 7646-85-7

Diméthyldichorosilane 5% dans le toluène (M = 129,1 g mol^{-1}), SUPELCO

Dodécylsulfate de sodium (M = 288,38 g mol^{-1}), FLUKA, C.A.S: 151-21-3

Eosine Y 85% KANTO

Fluorure d'ammonium 40% dans l'eau (M = 37,04 g mol^{-1}), FLUKA, C.A.S.: 12125-01-8

Octadécylsilane 97%, (M = 284,61 g mol^{-1}), ALDRICH, C.A.S.:18623-11-5

Perchlorate de lithium ≥ 99% (M = 106,4 g mol^{-1}), FLUKA, C.A.S:7791-03-9

Polychlorure de vinyle (M = 1500 000 g mol^{-1}), JANSEN CHIMICA

Lames de verre, Deckgleiser, 22*30 mm

3-aminopropyltriméthoxysilane 97% (M = 179,29 g mol^{-1}), ALDRICH, C.A.S.: 13822-56-5

N-(3-diméthyaminopropyl)-N'-éthylcarbodiimide $\geq$ 97% (M = 155,24 g mol^{-1}), FLUKA, C.A.S.: 1892-57-5

I-2-1. Solvants

Acétone Normapur (M = 58,08 g mol^{-1}), ACRÔS ORGANICS, C.A.S.: 67-64-1

Dichlorométhane PA, purex (M= 122,12 g mol^{-1}), SDS, C.A.S.: 75-09-2

Ethanol Absolu ≥ 99,8% (M = 46,07 g mol^{-1}), NORMAPUR , C.A.S.: 64-17-5

Méthanol NORMAPUR (M = 32,04 g mol^{-1}), NORMAPUR, C.A.S: 200-659-6

Toluène (M = 92,14 g mol^{-1}), ACRÔS ORGANICS, C.A.S.: 108-88-3

Tétrahydrofurane (M = 72,11 g mol^{-1}), ACRÔS ORGANICS, C.A.S.: 109-99-9

I-2-2. Acides

Acide ferrocène carboxylique (M= 230,05 g mol^{-1}), FLUKA, C.A.S.: 1271-42-7

Acide Chlorhydrique 1N (M= 36,46 g mol^{-1}), SDS, C.A.S.: 7647.01.0

Acide Elaïdique 96% (M = 282,47 g mol^{-1}), FLUKA, C.A.S.: 112-79-8

Acide Laurique (M = 200,32 g mol^{-1}), FLUKA, C.A.S.: 143-07-7

Acide Nitrique 69% (M = 63,01), NORMAPUR , C.A.S.: 20425.297

Acide Oleïque ≥ 98% (M = 282,47 g mol^{-1}), FLUKA, C.A.S.: 112-80-1

Acide Stéarique ≥ 98,5% (M = 284,4 g mol^{-1}), FLUKA, C.A.S.: 57-11-4

I-2-3. Bases

Hydroxyde de Sodium 1N (M= 39,99 g mol^{-1}), SDS, C.A.S.: 1310.73.2

II-1. Principe et Mesures d'AFM

Le principe de la microscopie à force atomique trouve ses racines dans le travail de Tabor et Israelachvili [1].

Les interactions instantanées entre les dipôles électrostatiques des atomes et des molécules sont à l'origine des forces de Van der Waals. Ces forces ont un caractère universel car elles interviennent lors de tout phénomène d'interaction atomique ou moléculaire même dans le cas des molécules non polaires. En effet, les fluctuations de densité électronique se manifestent généralement par la création de dipôles instantanés aboutissant à l'existence de ces forces. La détection des forces inter-atomiques peut s'effectuer selon deux modes différents : un mode attractif correspondant à des distances relativement grandes (de quelques nanomètres à quelques dixièmes de nanomètres) et un mode répulsif dans le cas où les distances sont inférieures à la distance d'équilibre. Ce dernier cas sera expérimentalement réalisé en effectuant un contact doux entre les particules en question.

Le principe consiste à balayer la surface de l'objet par un atome unique et détecter l'effet de l'interaction de cet atome avec la surface en terme de force. Ceci est, pour l'instant, impossible à réaliser expérimentalement du fait de la difficulté à manipuler un atome isolé. Prenons le cas d'une pointe placée au voisinage d'un objet. Cette sonde va interagir, par le biais de ses atomes les plus proches de la surface d'un objet, avec les atomes de cet échantillon. On peut alors comprendre que seuls les quelques atomes de l'extrémité de la sonde vont intervenir dans le processus d'interaction avec les atomes de la surface. Ceci est dû au fait que les forces mises en jeu décroissent rapidement quand la distance augmente.

Comme pour tous les microscopes à sonde locale, l'élément essentiel de l'AFM est la pointe. Cette dernière doit être particulièrement fine et sa composition chimique doit lui conférer des propriétés de dureté évidentes. La pointe est montée sur un microlevier qui doit remplir des conditions encore plus drastiques. En effet, il doit avoir à la fois une grande fréquence de résonance et une faible raideur.

Nous avons travaillé en mode *tapping*. Le cantilever oscille en surface d'échantillon à une fréquence proche de sa fréquence de résonance (300 kHz) et l'amplitude d'oscillation est choisie suffisamment élevée de façon à ce que la pointe traverse la couche de contamination habituellement présente sur toute surface analysée. La pointe ne vient que périodiquement en contact avec l'échantillon et les forces de friction sont ainsi évitées.

L'image en hauteur représente la topographie de la surface. La variation de l'amplitude d'oscillation est utilisée comme signal d'asservissement afin de corriger le déplacement en z, pour conserver l'amplitude constante et ainsi suivre la morphologie de surface.

Nous avons caractérisé par AFM les films de PVC lisses et rugueux décrits dans le chapitre I. L'appareil utilisé est le Nanoscope III (SPM Controller).

Ces images AFM montrent que les films de PVC lisses sont très homogènes comme on peut l'observer sur la figure 1a. Une image en 3D est représentée sur la figure 1b. A partir de ces figures, nous avons pu déterminer le facteur de rugosité de la surface égal à 1,05 (1+ SAD ou Surface Area Differential).

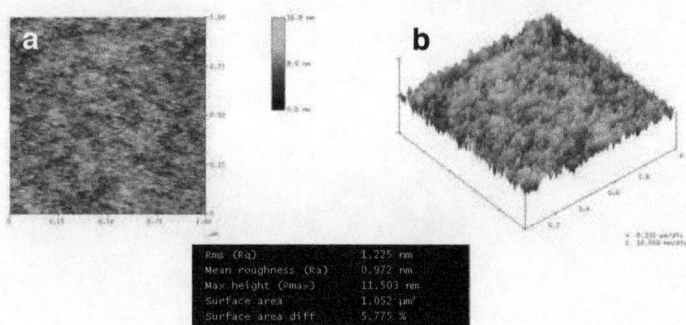

Rms (Rq)	1,225 nm
Mean roughness (Ra)	0,972 nm
Max height (Rmax)	11,503 nm
Surface area	1,052 µm²
Surface area diff	5,775 %

Figure 1 : Images AFM a) topographiques b) en 3D sur un polymère de PVC lisse.

Dans le cas des polymères rugueux (contenant 0,7 g/g d'aérosil), cette rugosité passe à 2,22. On observe des amas d'aérosil de hauteur approximative égale à 150 nm (figure 2a,b).

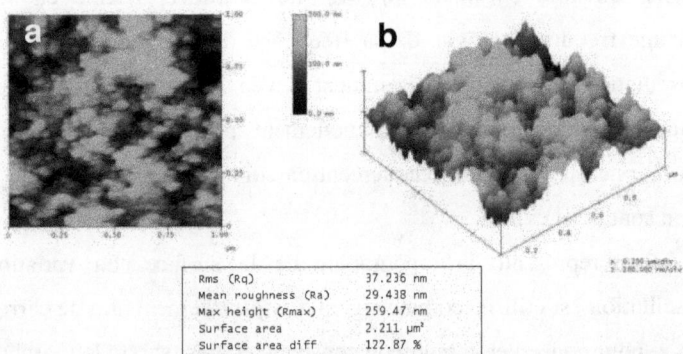

Rms (Rq)	37.236 nm
Mean roughness (Ra)	29.438 nm
Max height (Rmax)	259.47 nm
Surface area	2.211 µm²
Surface area diff	122.87 %

Figure 2 : Images AFM a) topographiques b) en 3D sur un polymère de PVC rugueux.

Les valeurs de rugosité obtenues dans les deux états de surface de ces polymères lisses ou rugueux sont très proches de ce qu'on trouve à partir du modèle thermodynamique décrit dans le chapitre I.

Références

_____

[1] D., Tabor ; R.H.S., Winterton *Proc. Roy. Soc.* **1969**, *A. 312*, 451 ; J.N., Israelachvili ; G., Adam *J. Chem. Soc. Faraday Trans.* **1978**, *I 74*, 975 ; J.N., Israelachvili ; D., Tabor *Progress in surface and membrane Science* **1973**, 7, 1.

III-1. Principe et Mesures FTIR

Les spectroscopies vibrationnelles constituent des outils tout à fait adaptés à l'étude des surfaces et interfaces. En effet, la mesure du spectre de vibration des molécules adsorbées donne une information sur les interactions intra et intermoléculaire. Ainsi la spectroscopie permet de mieux comprendre les phénomènes physico-chimiques se produisant sur une surface. Lors de ma thèse, les données expérimentales ont été obtenues essentiellement par la technique vibrationnelle, utilisée dans un montage de réflexion en incidence rasante et avec une modulation de la polarisation du rayonnement infrarouge. Pour diverses raisons, la caractérisation des SAMs est principalement effectuée par cette technique. Les progrès réalisés ces dernières années dans la méthodologie et l'instrumentation ont permis aux techniques IR de devenir de vrais outils d'analyses des surfaces et interfaces grâce à la sensibilité des détecteurs IR (MCT essentiellement) et à la grande stabilité des spectromètres à transformée de Fourier (avec alignement dynamique ou système de cube-corner). A cause de la faible quantité de molécules présentes dans une monocouche (de l'ordre de 10^{15} molécules par cm^2) donnant naissance à un signal IR difficilement détectable par transmission, la spectroscopie IR en mode de réflexion à angle rasant peut être utilisée pour résoudre ce problème. Elle donne naissance à un signal sur bruit (S/N) permettant une sensibilité de l'ordre du centième d'une monocouche dans certains cas (CO adsorbé par exemple), lorsque la couche moléculaire est déposée sur un substrat métallique. Cette sensibilité accrue provient de la réflexion de l'onde électromagnétique à une interface entre deux milieux de constantes diélectriques très différentes.

La spectroscopie IR mesure l'énergie des transitions entre les niveaux vibrationnels d'une structure moléculaire organique ou inorganique irradiée par un rayonnement infra-rouge. Les absorptions dans l'infrarouge sont reliées aux mouvements des atomes des différents groupes fonctionnels présents dans la structure. Lorsque l'énergie est importante (de l'ordre de quelques milliers de cm^{-1}), les modes sont localisés, même s'ils peuvent être couplés entre eux. Pour des énergies d'absorption plus faibles (quelques centaines de cm^{-1}), les modes peuvent être délocalisés sur toute la structure moléculaire. A cause de leur prédominance et leur sensibilité aux changements structuraux et conformationnels, les modes de vibration C-H sont de bonnes sondes pour obtenir une information sur la structure moléculaire des matériaux analysés.

Pour sonder les différents modes de vibration (ex. les différents modes de vibration des groupes CH_2 et CH_3) d'une monocouche organique, nous avons utilisé le montage en lumière polarisée en incidence rasante et avec modulation de la polarisation (PM-IRRAS), ce qui permet de travailler à l'air libre (pas de purge de l'air ambiant nécessaire) et nous permet de nous affranchir de toute référence sur le substrat avant adsorption. Ce montage permet d'obtenir des gains de sensibilités superficielles pour des films d'épaisseur de 50 nm à la monocouche dans le cas de substrats bons réflecteurs en IR comme les métaux, même recouverts d'une couche mince d'oxyde.

Les spectres infra-rouge ont été effectués sur un spectromètre type Nicolet Nexus FTIR (avec une résolution de 4 cm^{-1}). Les capsules d'IR sont préparées dans du bromure de potassium (séchée préalablement à l'étuve pendant au moins 24h).

Dans le chapitre V, nous avons commenté les résultats obtenus en adsorbant les acides gras sur des supports de ZnO modèles préparés par anodisation. Dans cette annexe, nous allons présenter les résultats obtenus en préparant des capsules IR.

La figure 1 montre les spectres Infra Rouge d'un film de ZnO pur (préparé à partir de $ZnCl_2$ 5mM) et d'un film de nanotiges de ZnO modifié par ODS 5mM.

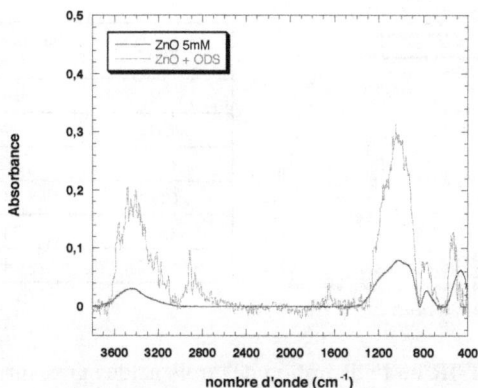

Figure 1 : Spectre FT-IR de la fonctionnalisation d'un film de ZnO formé de nanocolonnes par l'octadécylsilane Un spectre de référence de ZnO avant adsorption est ajouté pour comparaison.

On distingue sur cette figure le pic de ZnO à 465 cm^{-1}, la liaison Si-O est difficilement détectable due à la présence du pic d'absorption de l'eau qui se situe aux alentours de 1000-1100 cm^{-1}. Nous observons aussi une grande bande situant à 3400 cm^{-1} qui correspond aux vibrations d'élongation des OH. La présence des pics à 2900 cm^{-1} $\upsilon_a(CH_3)$ et 2850 cm^{-1} $\upsilon_a(CH_2)$ indiquent la fixation de la chaîne aliphatique de l'ODS sur le ZnO.

Les spectres FTIR ont aussi été réalisés sur des films de ZnO formés de nanocolonnes et modifiées par trois types d'acides gras (figure 2). Les attributions des pics sont regroupées dans le tableau ci-dessus (Figure 2b).

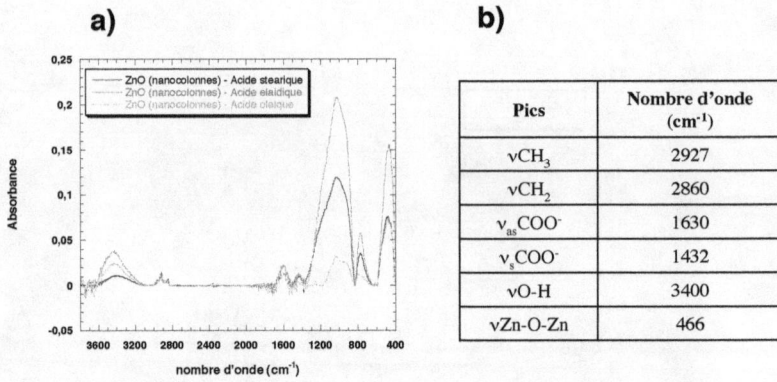

a)

b)

Pics	Nombre d'onde (cm^{-1})
νCH_3	2927
νCH_2	2860
$\nu_{as}COO^-$	1630
$\nu_s COO^-$	1432
$\nu O-H$	3400
$\nu Zn-O-Zn$	466

Figure 2 : Spectres FT-IR de l'adsorption des trois acides gras sur des nanocolonnes de ZnO (a) Tableau d'attribution des pics selon leur nombre d'onde (b).

* 9 7 8 3 8 3 8 1 7 1 5 1 7 *